催化

让一切加速改变

THE CATALYST

HOW TO CHANGE ANYONE'S MIND

［美］乔纳·伯杰（Jonah Berger）◎著

王　晋◎译

电子工业出版社
Publishing House of Electronics Industry
北京·BEIJING

THE CATALYST: HOW TO CHANGE ANYONE'S MIND by JONAH BERGER

Original English language edition Copyright © 2020 by Social Dynamics Group, LLC
Simplified Chinese Translation Copyright © 2021 by Publishing House of Electronics Industry Co., Ltd
Published by arrangement with the original publisher, Simon & Schuster, Inc.
All Rights Reserved.

本书中文简体字版授予电子工业出版社独家出版发行。未经书面许可，不得以任何方式抄袭、复制或节录本书中的任何内容。

版权贸易合同登记号　图字：01-2020-7114

图书在版编目（CIP）数据

催化：让一切加速改变/（美）乔纳·伯杰（Jonah Berger）著；王晋译. —北京：电子工业出版社，2021.4
书名原文：THE CATALYST: HOW TO CHANGE ANYONE'S MIND
ISBN 978-7-121-40391-0

Ⅰ.①催⋯　Ⅱ.①乔⋯　②王⋯　Ⅲ.①成功心理－通俗读物　Ⅳ.①B848.4-49

中国版本图书馆CIP数据核字（2021）第016932号

书　　名：催化：让一切加速改变
作　　者：［美］乔纳·伯杰（Jonah　Berger）

责任编辑：郭景瑶（guojingyao@phei.com.cn）
印　　刷：三河市鑫金马印装有限公司
装　　订：三河市鑫金马印装有限公司
出版发行：电子工业出版社
　　　　　北京市海淀区万寿路173信箱　　　邮编：100036
开　　本：720×1000　1/16　　印张：18.5　　字数：266千字
版　　次：2021年4月第1版
印　　次：2021年4月第1次印刷
定　　价：58.00元

　　凡所购买电子工业出版社图书有缺损问题，请向购买书店调换。若书店售缺，请与本社发行部联系，联系及邮购电话：（010）88254888，88258888。
　　质量投诉请发邮件至zlts@phei.com.cn，盗版侵权举报请发邮件至dbqq@phei.com.cn。
　　本书咨询联系方式：（010）88254210，influence@phei.com.cn，微信号：yingxianglibook。

继畅销书《疯传：让你的产品、思想、行为像病毒一样入侵》

《传染：塑造消费、心智、决策的隐秘力量》之后

乔纳·伯杰又一力作

《催化：让一切加速改变》

THE CATALYST: HOW TO CHANGE ANYONE'S MIND

查尔斯·都希格　2013年普利策奖获得者，畅销书《习惯的力量》的作者

"我们都曾因试图改变别人的想法而受挫，在《催化》这本引人入胜的书中，乔纳·伯杰通过向我们展示如何消除障碍，告诉我们如何催生改变。这本书将教会你如何改变任何事物。"

罗伯特·B. 西奥迪尼　全球说服术与影响力研究权威，畅销书《影响力》的作者

"乔纳·伯杰告诉我们，催生改变的有效途径是消除障碍。所有的沟通者都能从中受益。"

阿里安娜·赫芬顿　《赫芬顿邮报》创始人

"《催化》这本书如此强大，它可以帮助我们改变思想，改变组织，甚至改变世界。"

吉姆·柯林斯　畅销书《从优秀到卓越》《基业长青》的作者

"乔纳·伯杰是少有的将基于科学研究的见解与实际指导相结合的思想家之一。我很高兴能成为众多向他学习的人之一。"

易仁永澄　个人目标管理专家，幸福进化俱乐部创始人

"突破障碍是达成一切目标的杠杆，搞定障碍，目标就会自然实现。作者乔纳·伯杰挖掘出人性深处的五个要素，对应地找到了五种障碍的应对方式，让改变迅速发生。"

剽悍一只猫　社群商业战略顾问，畅销书《一年顶十年》的作者

"在我看来，《催化》是一本极为难得的营销宝典，书中所写的方法非常实用，能有效地帮助我们改变他人的想法，从而创造更大的商业价值。"

黄有璨　畅销书《运营之光》《非线性成长》的作者，三节课联合创始人

"在一切与用户有关的工作中，无论营销、运营还是用户增长，很多人总会过于关注'达成目标'，用尽所能希望'推动'用户做出决策，却往往事与愿违。如果你愿意转换思路，真正地站在用户的视角去思考到底他们面临的'阻力'是什么，就会峰回路转。《催化》恰好为你提供了帮助用户消除决策和行动障碍的重要指导原则。"

战隼　知名自媒体（WARFALCON）创始人，100天行动发起人，时间管理专家

"在化学领域中，我们可以通过催化剂来加快变化的发生。面对问题和困难时，不管在现实还是在网络中，只要应用几项催化剂原则，你就能找到根源、消除障碍、改变行为和想法，你甚至可以改变任何人

和整个世界。"

阳志平　安人心智董事长，"心智工具箱"公众号作者

"在改变人们的想法、引发人们的行动时，你可以使用催化剂去减少或消除五种障碍：心理抗拒、禀赋效应、距离、不确定性、补强证据。作者将其整理为REDUCE模型。《催化》是来自市场营销学、消费行为学、认知心理学关于人类行为的深刻洞察，值得每位关心如何改变人们的想法与行动的人阅读。"

唐文　氢原子CEO

"如今聪明的企业都逐渐领悟了这个营销秘密：企业要像消费者的女朋友一样去'催化'他发生改变并'迎娶'自己，而不能像长辈一样去说服消费者，'逼婚'只会引发消费者的逆反。《催化》想告诉你的就是如何用好这种'营销催化剂'。"

丹尼尔·平克　畅销书《全新思维》的作者

"我们都知道改变人们的想法很困难，现在我们知道了原因，那就是我们一直在做错误的事情。我们花了太多的时间去推动人们改变，却没有花足够的时间去消除人们前进道路上的障碍。在《催化》这本令人信服的书中，乔纳·伯杰提出了一种更聪明、更有效的方法去促进人们改变。"

目录
Contents

05 补强证据 ／ 207
Corroborating Evidence

引言
Introduction

格雷格·韦基曾是美国联邦调查局的探员，擅长处理国际贩毒、洗钱和勒索案件。他面对的很多目标人物都是冷酷无情、凶狠残暴的职业罪犯，比如将直升机卖给麦德林贩毒集团的犯罪分子，还有从俄罗斯购买旧潜艇，试图把可卡因从哥伦比亚偷运到美国的不法之徒。

为了抓捕俄罗斯犯罪团伙的一名犯罪嫌疑人，格雷格曾带领属下开展了一场为期三年的窃听行动。他们煞费苦心地收集信息，最终成功立案。准备好逮捕令后，格雷格请来了特殊武装战术部队。这支特警队由数十名精壮男子组成，他们全副武装，待时机成熟后进行突然袭击，抓捕犯罪嫌疑人，同时收集证据。

格雷格向这支队伍介绍情况时，提纲挈领地讲述了各种问题。他强调，犯罪嫌疑人可能持有武器，是十分危险的人物。特警队制订了一份无懈可击的逮捕计划。他们需要做到万无一失，否则就会立刻出现暴乱。

通报结束后，所有人都离开了会议室，唯独一个人留了下来。格雷格之前就注意到了他。在满屋子的特警队员中，这个人显得有些格格不入。他矮小体胖，头顶光秃，与轮廓分明的特警形象大相径庭，根本就不是当特警的料。

"跟我讲讲这个家伙，"那个人说，"我还想了解更多的信息。"

格雷格回答道："我不太清楚你具体指的是什么。我刚才已经介绍过了，我说我手上的这份文件……"

"不，不，不是这些。我想了解的不是他的犯罪记录，不是他以前犯下的暴力罪行之类的。窃听的时候你都在，对吧？"那个人问道。

"没错。"格雷格说。

"他是个什么样的人？"那个人又问道。

"他是个什么样的人？你是什么意思？"格雷格有些疑惑。

"他是做什么的？有什么爱好？家里有什么人？他养宠物吗？"那个人接着问道。

格雷格心里想："犯罪嫌疑人养没养宠物？我们马上就要派特警队去抓人了，他却想知道人家是否养宠物？！真是荒谬至极！难怪这个家伙被特警队甩在了后面。"

不过，格雷格还是尽职尽责地提供了信息，并开始收拾会议文件。

"还有最后一个问题，"那个人说，"犯罪嫌疑人现在已经到了指定地点，是吧？"

"是的。"格雷格回答道。

"好的，把他的电话号码给我。"说完，那个人便离开了会议室。

* * * * * *

逮捕行动即将开始，特警队准备就绪。他们排成一排，一个接一个地围在大楼外面，准备破门而入。他们一袭黑衣，手持盾牌和枪支。他们会先喊"趴下！趴下！趴下！"，再冲进去抓捕犯罪嫌疑人。

然而，时间一分一秒地过去了，特警队没有采取任何行动。已经过了几分钟了，依然一点儿动静也没有。

又过了几分钟，格雷格有些着急了。他比任何人都了解这名犯罪嫌疑人，他还听过他与朋友和同伙的对话。这个人可不是什么好东西，他杀人不眨眼，曾被关在俄罗斯的监狱里，根本不怕与警方对峙火拼。

突然，门开了。

这名犯罪嫌疑人双手举过头顶，走了出来。

格雷格顿时目瞪口呆。他从事执法工作已经很长时间了，他曾在美国陆军做过多年的特工，曾在美国各地执行秘密任务，还曾在墨西哥边境从事过反腐工作，可谓经验丰富。但是，犯罪嫌疑人自愿自首，没有发生任何冲突就被成功抓捕，这样的事他可从未见过。

他突然反应过来，难道是因为之前那个与他交谈的小个子秃头？实际上，那位看似奇怪的人是位人质谈判专家。在他的劝说下，犯罪嫌疑人做出了令人无法想象的举动。他选择放弃对峙，在光天化日之下自首。

格雷格心想："太厉害了，我也想成为人质谈判专家。"

* * * * * *

从那以后，格雷格便开启了人质谈判专家的职业生涯，一干就是二十多年。他处理过国际绑架案件，采访过被捕后的萨达姆·侯赛因，还领导过美国联邦调查局那富有传奇色彩的行为科学部门。从劝说银行劫匪放弃抵抗，到审问连环杀人犯，他在看似不可能的情况下改变了人们的想法。

1972年慕尼黑奥运会期间，恐怖分子劫持运动员当作人质，11名以色列运动员最终被害。随后，出现了危机谈判。在此之前，人们的焦点往往集中在武力上，警方会向匪徒喊话："举起手来，否则我们就开枪了！"不过，在慕尼黑惨案及其他一些人尽皆知的失败之后，人们意识到威胁对方投降起不到任何作用。为此，人们转向研究心理学，利用行为科学来构建可以安全解除危机的全新方法。

在过去的几十年中，包括格雷格在内的谈判专家一直在用一种不同的谈判方法，这是一种行之有效的方法。不管是劝说国际恐怖分子释放人质，还是让寻短见的人放弃自杀的念头，这种方法都会派上用场。运用这种方法，不管是刚刚杀害妻儿的罪人，还是将自己和人质封锁在银行里的劫匪，即使他们知道对方是警察，知道后果如何，知道自己的生活将会发生怎样的改变，他们十有八九也会自己走出来。

这一切，仅仅因为有人让他们放弃，他们就顺从了。

惯性的力量

每个人都有自己想要改变的东西。销售人员想要改变顾客的想法，营销人员想要改变人们的购买决定。员工想要改变老板的想法，领导者想要改变整个组织。父母想要改变孩子的行为，创业公司想要改变所在的行业，非营利性组织想要改变世界。

但是，改变并非易事。

我们好说歹说，用尽甜言蜜语。我们施加压力，不断推动。但是，就算我们使出浑身解数，往往也一无所获。即使有所改变，速度也相当缓慢。虽然在龟兔赛跑的故事中，乌龟赢了兔子，但那只是因为兔子睡了一觉。

我们都知道，艾萨克·牛顿曾指出，一切物体在没有受到外力的作用时，总保持静止状态或匀速直线运动状态。虽然牛顿研究的是行星、钟摆等物体，但他提出的定律也适用于社会。我们都倾向于按照以往的方式行事。

选民不会考虑哪位候选人代表了他们的价值观，而会倾向于选择他们过去投过票的政党。公司不会从头开始研究哪些项目值得关注，而会以上一年的预算为基础开展当年的项目工作。投资者不会重新平衡投资组合，而会着眼于他们一直以来的投资方式，并将之进行到底。

为什么有的家庭每年都会去同一个地方度假？为什么有的公司总会对新举措保持警惕，同时不愿意摒弃过去的举措？一切都是惯性使然。

当我们试图改变别人的想法，让他们克服这种惯性时，我们往往会去推动他们。如果你的演讲没有打动客户，怎么办？你可以继续用事实和论据说话。如果老板不认同你的想法，怎么办？你可以举更多的例子或做更深入的解释。

无论试图改变企业文化还是让孩子多吃蔬菜，我们都认为，加大推动的力度就会达到目的。我们还认为，只要我们提供更多的信息、更多的事实、更多的理由、更多的论据，或者再多投入一点，人们就会改变。

含蓄地说，这种方法把人类看成了大理石，以为如果朝某个方向推动，人们就会沿着这个方向前进。

遗憾的是，这种方法常常适得其反。人类与大理石不同，如果你试图推动他们，他们不会简单地听之任之，而是会背道而驰。在上面的例子中，客户可能仍不被打动，并且不再接你的电话；老板可能仍不赞同你的想法，只说他会再考虑考虑，而这其实是在委婉地表达"谢谢你的努力，但是没门"；犯罪嫌疑人可能也不会举着双手走出来，而是会藏起来并扣动扳机。

如果推动不起作用，那什么会管用呢？

哪种方法更容易改变想法

要回答标题这个问题，我们可以把目光投向一个完全不同的领域——化学。

自然界中的化学变化可能需要极其漫长的时间，例如藻类和浮游生物变成石油，碳通过逐渐压缩变成钻石，都需要较长的时间。在化学反应中，分子必须打破原子间的化学键，形成新的化学键，而有些反应是缓慢而艰巨的过程，会历时数千年，甚至数百万年。

为了改变化学反应速率，化学家会经常使用一系列特殊的物质。这些"无名英雄"可以清洁汽车尾气和隐形眼镜上的污垢。它们能将空气变为肥料，将石油变为自行车头盔。它们会加快变化的速度。有了它们，原本需要几年时间才能相互作用的分子，在几秒钟内就能发生反应。

不过，最有意思的还是这些物质产生变化的方式。

化学反应通常需要一定的能量。举个例子，要想将氮气转化为肥料，通常需要将其加热到1000℃以上。通过加温加压的方式增加能量，可以促成化学反应。

有些特殊的物质可以加快这一过程。但是，它们并不需要提高温度或加大压强，而是另辟蹊径，减少化学反应所需的能量。

乍一看，这似乎是不可能的，有点儿像变魔术。用更少的能量怎么能加快变化的发生呢？这似乎违背了热力学定律。

但是，这些特殊物质采取的是不同的方法，它们没有去推动，而是减少了发生改变的障碍。

这些物质就是人们所说的"催化剂"。[①]

* * * * * *

催化剂给化学领域带来了一场彻底的变革。它们的发现使多个诺贝尔奖诞生，使数十亿人免于挨饿，并催生了过去几百年中一些最伟大的发明。

---

① 分子碰撞时会发生反应。但是，催化剂并不像增加能量那样去提高分子碰撞的频率，而是会提高碰撞的成功率。与随随便便相亲，希望找到有缘人不同，催化剂扮演的是媒人的角色，它鼓励反应物按照正确的方向相遇，从而触发变化。

不过，催化剂的根本原理同样可以在社会环境中产生巨大的影响，因为它告诉我们有一种更好的方法可以触发改变。这种方法并不是要加大推动的力度，也不是要更具说服力或成为更出色的说服者。虽然这些策略可能偶尔会起作用，但往往只会让人们筑起防御之墙。

相反，这本书要说的方法是创造一种催化剂，通过消除障碍或减少阻碍人们采取行动的绊脚石来改变人们的想法。人质谈判专家就是这么做的。任何人面对特警队的围攻都会觉得自己陷入了困境，无论来自俄罗斯的匪徒，还是劫持三名人质的银行劫匪，如果被逼得太紧，他们都会失控。即使告诉他们该怎么做，他们也不太可能遵从。

优秀的人质谈判专家会采取不同的做法。他们先是倾听，与犯罪嫌疑人建立信任，然后鼓励他们说出自己的恐惧和动机，以及谁在等他们回家。如果需要的话，在紧张的对峙中甚至可以谈到他们的宠物。

为什么要这么做呢？原因在于人质谈判专家的目的是缓解紧张的气氛，而不是破门而入。他们会逐渐降低犯罪嫌疑人的恐惧感、不确定性和敌意，直到他们重新审视自己的处境，并意识到最佳选择是高举双手走出去，而这在最开始似乎是无法想象的。

伟大的人质谈判专家不会加大推动的力度，也不会加剧紧张的局势。相反，他们会努力找出阻碍改变发生的原因，并消除障碍。他们会用更省力的方式而非更费力的方式引发改变，就像催化剂一样。

催生改变

我之所以开始研究催化剂，是因为有一次被一个问题难住了。

当时，有一家世界500强企业向我求助。他们推出了一款具有革命性的新产品，但传统的营销方法根本不管用。他们打广告，发推送消息，用上了几乎所有常用的营销策略，但幸运女神并没有眷顾他们。

于是，我开始钻研各类文献。

身为宾夕法尼亚大学沃顿商学院的市场营销学教授，二十多年来我一直在研究社会影响、口口相传，以及事物流行的原因。我有一群了不起的同事，我们一起做了数百次相关试验，比如研究人们为什么会购买某个产品，是什么促使他们做出了决定。能够为成千上万的学生和高管开设课程，我深感荣幸。我曾帮助苹果、谷歌、耐克和通用电气等数百家公司改变人们的想法、行为和举措。我还帮助过脸书推出新的硬件产品，帮助比尔及梅琳达·盖茨基金会加强信息交流，帮助小型创业公司和非营利性组织提高产品、服务及创意的人气。

但是，在阅读文献的过程中，我意识到大多数案例都采用了相同的传统方法，即劝诱、说服和鼓励，以及推动、推动、再推动。如果不起作用，就重新来过，开足马力，加大推动的力度。

可惜，这样做并没有什么效果。

我开始思考有没有更好的方法。通过采访创业公司的创始人，我了解到他们是如何推广新产品和新服务的。通过与首席执行官和管理者交谈，我了解到伟大的领导者是如何改变组织的。此外，我还与顶级销售员进行了交谈，看看他们是如何说服最棘手的客户的。我还咨询了公共卫生官员，打听他们如何改变人们的行为，如何加快重要医学创新的传播。

慢慢地，一种截然不同的方法浮出水面，我意识到我们可以用它来改变人们的观念。

我们在前面提到的这家世界500强企业粗略地尝试了这一方法，结果是该企业产品的受欢迎程度有所提高。经过改进之后，我们取得了更大的成功。最初的胜利给了我们很大的鼓舞，我们尝试将这种方法用于另外一家企业。结果，这家企业也觉得它很管用。很快，我们便将这种方法用于所有的咨询项目，帮助客户推广产品，改变人们的行为，调整企业的文化。

有一天，一位潜在客户问我，关于这种策略和方法，我有没有什么写好的内容可以与之分享。

我开始从不同的幻灯片中挑选内容，结果发现并不够用。我认为必须得有一份材料能涵盖所有的相关内容，并且以易于理解的方式呈现出来。

这就是本书的来历。

找到手刹

本书介绍了一种与众不同的方法，它可以催生改变。

可惜的是，在引发改变时，人们很少会考虑消除障碍。当问及如何改变某人的想法时，99%的回答都与推动有关，例如"摆出事实和证据""解释理由""说服他们"都是常见的回答。

我们太想得到自己期望的结果，所以满脑子都在想怎么把人们推到这个方向上来。但是，在这一过程中我们往往会忘记我们想要改变的这些人，忘记是什么阻碍了他们。

催化剂不会纠结于如何说服某人做出改变，而会从一些更基本的问题入手：为什么这个人还没有改变？是什么阻碍了他？

这就是本书所要讲的内容：如何克服惯性？如何引发行动？如何

改变想法？答案是不要通过加大说服或推动的力度，而要通过扮演催化剂的角色，通过消除障碍来实现。

每次开车时，我们都会系好安全带，插入钥匙，然后打火，接着慢慢踩下油门。碰到上坡，我们需要加大力度踩下油门。一般来说，油门踩得越狠，汽车行驶速度就会越快。

但是，如果你将油门踩了又踩，汽车仍旧一动不动，你会怎么做呢？

每当改变未能如期实现，我们就会觉得需要加大马力。如果员工拒绝采用某种新的策略，那就再发一封电子邮件，提醒他们为什么要这么做。如果顾客拒绝购买某种产品，那就花更多的钱去投放广告或给顾客多打几个推销电话。

但是，当我们把精力集中于"踩油门"时，往往会忽略一种更简单更有效的方法，那就是找到阻碍改变的因素，并消除障碍。

有时，改变并不需要更大的马力，只需要我们松开手刹。

* * * * * *

本书的目的是教会大家如何找到手刹，如何发现阻碍改变的隐藏障碍，找出阻碍行动的根本或核心问题，并学习如何解决这些问题。

在本书中，每一章会集中讨论一种关键的障碍，以及如何消除这种障碍。

障碍一：心理抗拒

人们受到外部压力时，往往会反其道而行之。就像导弹防御系统可以拦截来袭的弹道导弹一样，人类天生就有一套反说服系统。当感到有人试图来说服自己时，人们内心的雷达就会开始工作。为了消除这一障碍，催化剂会鼓励人们自己说服自己。在第一章，你将了解什么是心理抗拒，警告如何变成建议，以及战术同理心会起到多大的作用。你还将看到公共卫生官员如何让青少年戒烟，以及人质谈判专家如何让冷酷无情的犯罪分子高举双手走出来。

障碍二：禀赋效应

正如一句老话所说，"东西没坏，就别去修它"。人们已经习惯了现状，除非情况十分糟糕，否则人们不想有任何改变。为了减轻禀赋效应，或者说为了减少人们对现状的依恋，催化剂会强调不采取行动并不像表面那样毫无代价。第二章会讲到为什么对于同一样东西，人们卖出时会比买入时索要更高的价格，为什么潜在收益至少是潜在损失的2.6倍才能使人们采取行动，为什么人们觉得手指扭伤比手指断了更痛苦。我们还会看到财务顾问如何让客户更理智地投资，以及IT主管如何让员工采用新的技术。

障碍三：距离

人们天生就有一套反说服系统，有时单单向人们提供信息，也会适得其反。为什么呢？这里我们就要讲到另外一个障碍——距离。如果新信息在人们的接受范围之内，人们会愿意倾听。但是，如果新信息距离人们太远，属于人们的拒绝范畴，那么一切都会反过来——沟通会被忽略，甚至更糟糕的是，反对情绪会更上一层楼。第三章将会讲到如何改变选民的投票意向，以及政治活动家如何使坚定的保守派支持跨性别者权利等自由政策。此外，这一章还会讲到为什么要实现较大的变化需要从小目标开始，而非一开始就提出很高的要求，以及碰到看似棘手的问题时，催化剂如何通过找到共同点来改变人们的想法。

障碍四：不确定性

改变往往伴随着不确定性。新产品、新服务或新创意会和以前一样好吗？这很难回答，并且正是这种不确定性让人们按下了暂停按钮，停止了后续动作。为了克服这一障碍，催化剂会让尝试看起来更加容易。就像超市提供的免费样品或汽车经销商提供的试驾一样，人们可以通过体验来降低风险。在第四章，我们会看到宽松的退货政策为何会增加销售利润，农民为何不采用对他们有益的创新，以及美国职业棒球小联盟的售票员如何通过免费配送打造了一家价值十亿美元的公司。为了不让你觉得这种方法仅限于提供产品或服务的大公司，本章会解释不管是动物收容所、会计师、素食主义者，还是组织改革者，任何个人和组织都可以采用这一方法。

障碍五：补强证据

有的时候，光有一个人是不够的，不管这个人多么知识渊博，多么胸有成竹。有些事情就是需要更多的证据。我们需要更多的证据去克服惯性，去推动变革。当然，某些事会得到一些人的支持，但是难道这些人的支持就能说明其他人的喜好吗？为了克服障碍，催化剂会寻找补强证据加以补充。在第五章，你会看到干预顾问如何鼓励吸毒者主动求医，哪些信息来源最具影响力，何时和为什么要集中稀缺资源，而不是将其分散开来。

* * * * * *

心理抗拒、禀赋效应、距离、不确定性和补强证据可谓驾驭惯性的五大骑士，也是阻碍和抑制改变的五大障碍。

在本书中，每章将重点介绍其中一种障碍，以及如何消除这种障碍。我会结合科学研究和实际案例来说明每种障碍背后的基本逻辑原理，以及个人和组织消除障碍所要遵循的原则。

本书将教你如何成为"催化剂"，即如何成为催生改变的人。如果归纳一下，那就是催化剂可以化解心理抗拒（Reactance），减轻禀赋效应（Endowment），缩短距离（Distance），削弱不确定性（Uncertainty），并寻找补强证据（Corroborating Evidence）。它们的英文首字母合在一起，就组成了"REDUCE"一词，即"减少"，也可理解为"消除"。能够引发改变的伟大人物正是这样做的，他们会通过努力消除（减少）障碍来改变人们的想法，并引发行动。

介绍完每种方法之后，我都会附上一个简短的案例，说明这些方法如何应用于不同的领域，包括改变老板的想法、改变人们的思维习惯、改变消费者的行为等。

我们要注意，并非每种情况都会同时碰到这五种障碍。有时心理抗拒是主要障碍，有时主要症结在于不确定性。有些案例会涉及几种障碍，有些仅涉及一种。但是，如果我们把这五种障碍全都弄清楚，就可以判断出阻碍我们的是哪些障碍，也会知晓该如何消除它们。

本书将重新构造我们处理普遍问题的方式，你会看到个人和组织为何会发生改变，以及如何促进这一过程。

在本书中，我会把消除障碍的这些方法用于个人、组织和社会变革。与此同时，你将看到催化剂如何在不同的情况下产生作用，比如管理者如何改变组织文化，销售人员如何达成交易，员工如何让管理层支持他们的新想法，干预顾问如何让吸毒者意识到他们的问题，以及游说拉票的政客如何改变选民根深蒂固的政治信念。

我们会讨论如何改变人们的想法和行为。有的时候，改变了某个人的观念也会改变其他人。不过，有的时候我们不需要通过改变想法去激发行动，因为人们已经对改变自己的行为秉持着开放的态度，我们要做的就是移走障碍，让改变更容易发生而已。

本书专为那些希望催生改变的人而写。书中不仅介绍了一种强大的思维方式，还介绍了可以产生绝妙结果的一系列方法。

不管你想改变一个人、一个组织，还是整个行业的运营方式，甚至整个社会，本书都会为你提供科学的方法和建议，教你如何成为催化剂，如何成为催生改变的人。

01

心理抗拒
Reactance

查克·沃尔夫面前摆着一项不可能完成的任务。美国佛罗里达州州长任命他为一项新计划的负责人，这样的事情其实并不新鲜。查克在州长手下当差已经近十年了，担任过各种职务，包括运营经理、对外事务总监、金融监管执行总监。他曾在安德鲁飓风过后制订并实施救援计划，还帮助迈阿密走出了金融危机。

但是，这次的挑战要艰巨得多。查克需要组建团队与一个行业打场硬仗。这个行业在全球拥有10亿多消费者，产品销量超过1万亿，每年花费将近100亿美元用于产品营销。每家龙头企业的利润都超过了可口可乐、微软和麦当劳，甚至超过了它们的总和。

查克的任务是什么呢？那就是让青少年戒烟。几十年来，很多机构都未能完成这项任务。

20世纪90年代末，美国面临的最大公共卫生危机就是吸烟问题。吸烟是导致很大一部分死亡和疾病的重要原因，全世界有无数人因此丧生。单就美国而言，约有五分之一的死亡源自吸烟。吸烟每年会造成将近1500亿美元的经济损失。

吸烟问题在青少年当中尤为严重。尽管全球各大烟草公司表面上声称不会把香烟卖给青少年，但它们还是吸引了无数的青少年去吸烟。

《摩登原始人》在1960年首播时，云斯顿香烟就是这部动画片的赞助商。在广告中，片中的角色弗雷德和巴尼在休息时会抽根烟。20

世纪70年代初，美国开始禁止电视和广播播放香烟广告。烟草公司因此创造了一些友好和谐的卡通形象，比如骆驼老乔，来增加吸烟的趣味性。此外，当普通香烟不再能牢牢地抓住青少年的喜好时，烟草公司推出了不同风味的香烟，比如用彩色糖果纸进行包装，让香烟看起来更具吸引力。

结果呢？奏效了。

美国联邦法律规定，年满18岁才能购买香烟，而大多数学生要到高中最后一年才能达到这个年龄。有些地方允许购买香烟的法定年龄甚至更高。因此，青少年吸烟率本应该很低。

但是，20世纪90年代末，这一情况似乎并不乐观。美国高中生中有近四分之三的人吸烟，并且近四分之一的高年级学生每天都会吸烟。青少年吸烟率达到了19年来的新高，而且吸烟人数还在不断增加。

需要有人站出来阻止青少年吸烟了，而且速度要快。

不过，让青少年戒烟并非易事。几十年来，很多机构都尝试过，但均以失败告终。很多国家都禁止投放香烟广告，要求烟草公司在香烟包装上加印有害健康的警告，还花费数十亿美元试图说服青年人戒烟。

但是，这些努力非但没有效果，青少年吸烟率反而上升了。

别人的努力最终都失败了，查克又凭什么完成任务呢？

警告变为建议

要想知道查克凭什么完成任务，我们需要知道为什么之前香烟包装上有害健康的警告没有达到目的。还有什么比警告更好的方法呢？可以说，这些警告本来就没有必要，因为人人都知道吸烟有害健康。

* * * * * *

2018年初，宝洁公司在公共关系上碰到了一个小问题。

五十年前，宝洁公司推出了Salvo牌片状洗涤剂，但当时并不成功。经过数十年的努力，宝洁公司研制出了一种新配方，并认为会达到更好的洗涤效果，而且消费者不必精确测量需要使用多少洗涤剂，也不用担心洗涤剂会残留在衣服上。消费者只需从包装盒中取出一颗包装完好的球状物，然后将其扔进洗衣机即可。这个球状物外面的塑料皮会溶于水，释放出里面的洗涤剂。一切干干净净，烦恼尽除。

宝洁公司新推出的这款产品就是汰渍洗衣球，打出的口号是"让洗衣更容易"。宝洁公司在市场营销方面投入了1.5亿多美元，坚信汰渍洗衣球最终可以在价值65亿美元的美国洗衣粉市场上抢占30%的份额。

问题只有一个：有人会食用洗衣球。

网上有人发起了一个吃汰渍洗衣球的挑战，最初这只是一个玩笑。有人说，这些橙色和蓝色旋涡状的小球看起来就很好吃。后来，洋葱网发布了一篇文章，名为"愿上帝保佑我，我要从这五颜六色的洗衣球中挑一颗吃了"。CollegeHumor网站还发布了一段视频，各种社交媒体上评论纷纷。吃洗衣球挑战瞬间风靡起来。

人们开始互相挑战吃汰渍洗衣球。青少年会拍摄自己咀嚼洗衣球或因此作呕的视频，将其发在YouTube上，并发起挑战，看别人敢不敢这样做。洗衣球还给烹饪带来了灵感，有人甚至在吃洗衣球之前将它们烹调一番。

很快，从福克斯新闻到《华盛顿邮报》，几乎所有媒体都在报道这一浪潮。医生受邀发表评论，家长表达了他们的担忧，大家都不知道这一奇怪的做法怎么就风靡起来了。

于是，宝洁公司也像大多数公司碰到这种情况时一样，告诉人们不要食用洗衣球。

2018年1月12日，汰渍发了一条推特："汰渍洗衣球是用来做什么的？洗衣服！别无其他。千万不要食用洗衣球……"

为了再次阐明自己的立场，汰渍请来了著名的橄榄球运动员罗布·格隆考斯基，昵称为"格隆科"。在一段简短的视频中，汰渍问格隆科能不能吃汰渍洗衣球。他的回答很简单，他朝着摄像头边摆动手指边说："不能，不能，不能。"屏幕上也打出了"不能，不能，不能"的字样。汰渍问道："开个玩笑都不行吗？"格隆科回答道："不行，不行，不行。"汰渍接着问："除洗衣服外，汰渍洗衣球还能用于其他用途吗？""不能。"格隆科说。

视频结束时给出了一句警告："洗衣球里是高度浓缩的清洁剂，仅可用于清洁衣物。"仿佛这样说还不够清晰似的，视频还加了格隆科的话："不要吃洗衣球。"

此外，格隆科几个小时后也在社交媒体上做了跟进。他在推特上说："我与@汰渍合作是希望大家知道，汰渍洗衣球是用来洗衣服的，不能用作其他用途！"

结果，更是一发不可收拾。

* * * * * *

数十年来，警告人们注意健康风险已经成为一种标准的做法，比如警告人们少摄入脂肪，不要酒后驾车，系好安全带……就健康问题而言，该做的要加以鼓励，不该做的要加以警示，知道这一点你就掌握了过去五十多年来公共卫生宣传的精髓。

　　因此，宝洁公司这样做并不奇怪。汰渍的高管可能觉得自己竟然要站出来说点什么，这太难以想象了。谁会愿意吃由醇醚硫酸盐和丙二醇组成的东西呢？更何况汰渍已经注明"请将本品放在小孩接触不到的地方"。而且，汰渍还请来格隆科告诉大家不要吃洗衣球，这也应该有助于宣传并消除一切疑问了。

　　但结果却事与愿违。在格隆科和汰渍警告人们不要吃洗衣球后，谷歌上对"汰渍洗衣球"的搜索量飙升到了历史最高水平。四天后，搜索量更是增加了一倍多。一周之内，搜索量竟上涨了近7倍。

　　可惜，这些搜索量并非来自担心孩子的家长，并不是他们想要弄清楚这种你知我知的事情，以及为什么汰渍还要发推特提醒大家。此外，中毒控制中心的访问量也迅速增加。

　　2016年全年只有39例青少年摄入或吸入洗衣球的事件，而在汰渍发推特警告大家的十几天内，此类事件增加了两倍。在短短几个月内，数量就比前两年的总和还要多一倍。

　　汰渍的努力可谓适得其反。

* * * * * *

　　吃洗衣球挑战看似不合常理，但实际上这样的例子十分广泛。例如：要求陪审员忽视不可接受的证词，他们反而会更加重视；大举宣传远离酒精，反而会让大学生饮酒更多；告知人们吸烟有害健康，劝说人们不要吸烟，反而会增加人们日后对吸烟的兴趣。

在这些例子及类似的例子中，警告似乎变为了建议。就像告诉青少年不要与某人约会，从某种程度上会让这个约会对象更具吸引力一样，告诉人们不要做某事往往会适得其反，人们会更有可能反其道而行之。

自由度与自主性

20世纪70年代末，哈佛大学和耶鲁大学的研究人员发表了一项研究报告，有助于解释为什么警告会适得其反。

这些研究人员与当地的阿尔丁养老院合作，做了一项简单的试验。他们提醒某一层的老人，告诉他们在生活中有多少自由度。他们可以决定如何布置房间，是否需要工作人员帮助他们重新布置家具。他们还可以决定如何打发时间，是去看望其他老人，还是做别的事情。此外，研究人员还提醒他们，如果有任何不满，都可以进行反馈，养老院会做出相应的改进。

为了强调自主性，研究人员还为这些老人提供了其他选择。他们传看了一箱盆栽植物，研究人员问他们是否想要养一盆，如果要的话会选择哪一盆。研究人员还在第二周安排了两个晚上播放电影，他们问这些老人如果想看的话希望在哪一天看。

另外一个楼层的老人也接收到了类似的信息，但没有什么自由度和自主性。研究人员提醒他们，工作人员已经布置好了房间，希望尽可能地给他们带来快乐。研究人员还给他们分发了盆栽植物，告诉他们护士会替他们照看。此外，他们还被告知下周要看电影，并规定了哪一天。

过了一段时间后，研究人员做了跟进。他们想看看这些老人的生活状况是否有改变，以及他们的提醒是否起到了作用。

结果十分惊人，拥有更多自由度和自主性的老人更加开朗、活跃和机敏。

不过，更令人惊讶的还是长期影响。18个月后，研究人员统计了两组老人的死亡率。在那层拥有更多自由度和自主性的老人中，死亡人数不到另外一层的一半。感觉拥有更大的自由度和自主性似乎会让人更长寿。

人们需要自由度和自主性，人们希望生活和行动控制在自己的手中，人们喜欢自由选择，而不是依从随机性或别人的心血来潮。

实际上，自由选择对人们来说十分重要，即使这会让情况变得更糟，人们也还是宁愿握权在手。即使这会让人们更不快乐，人们也不愿放手。

在一项研究中，研究人员让受试者假想自己是朱莉的父母。朱莉是个早产儿，因脑出血而被收治在医院的新生儿重症监护病房，靠呼吸机维持生命。然而不幸的是，经过三周的治疗，她的健康状况并未得到改善。因此，医生叫来朱莉的父母，想解释一下当前的情况。

朱莉的父母面临两种选择：一是停止治疗，这意味着朱莉会死；二是继续治疗，不过朱莉可能仍然会死。即使她存活下来，也会有严重的神经功能障碍。这两种选择似乎都不理想。

受试者被分为两组，一组可以自己做出选择。停止治疗还是继续治疗，都由他们说了算。

另一组受试者被告知医生为他们做出了选择。医生已经决定停止治疗，这样做也是为了朱莉好。

碰到这种事情，肯定会令人痛苦不堪。不管是自己选择，还是医生为他们做出选择，所有受试者心里都觉得压抑不安，沮丧内疚。

但是，研究人员发现，那些自己做出选择的人感觉更加糟糕。孩子病重，他们还不得不亲自决定是否要停掉她的呼吸机，这可以说是雪上加霜。

即便如此，他们仍然不想放弃控制权。他们会说与其让医生插手，还不如自己做决定。即使他们会更加难受，也还是想将权力掌握在自己的手中。

心理抗拒与反说服雷达

养老院和朱莉这两项研究有助于解释宝洁公司的汰渍洗衣球事件。人们喜欢那种可以自己选择和控制行动的感觉，人们希望自由掌控自己的行为。

如果有人威胁或限制这种自由，人们就会感到沮丧。如果有人告诉他们不能或不应该做某事，就会干扰他们的自主权和自主性，干扰他们自己掌控行动的能力。于是，人们会回击："你算什么，凭什么告诉我开车时不能发短信，凭什么告诉我不能在那片草地上遛狗？！我想干什么就干什么！"

当人们自由选择的能力被剥夺甚至受到威胁时，这种失去控制权的可能性会让他们做出回应。要想重申控制权，重新获得自主权，其中一种方法就是做被禁止做的事，比如开车时发短信，在草地上遛狗，甚至吃下汰渍洗衣球。因此，做违禁的事成为重新确立控制权和自主权的一种简便方法。

开车时发短信这件事可能本来没有那么多人想做，但威胁人们和加以限制反而增加了它的吸引力，就像禁果的味道从来都会让人觉得更加香甜，而且这样做还可以重拾控制权和自主权。

* * * * * *

限制会激发一种心理现象，即心理抗拒。心理抗拒是指，当人们感到失去自由或自由受到威胁时所产生的一种不愉快的心理状态。

警告人们不要做某事会引发心理抗拒，这是可以理解的。不过，让人们做某事也会引发心理抗拒。不管鼓励人们购买混合动力汽车，还是为退休存钱，这些事往往会在无意间被视为侵犯人们的自由，会让人们觉得自己的行为并非掌控在自己的手中。

如果没有别人的劝说，人们会觉得他们是在做自己想做的事情，会觉得自己的行为源自个人的想法和偏好。例如，人们之所以想买辆混合动力汽车，唯一的原因就是自己喜欢，比如喜欢做对环境有益的事，喜欢这辆车的外观。

但是，如果有人劝说，事情就变得复杂了，因为如果这时人们发现自己想买辆混合动力汽车，除个人喜好外，还有可能是因为有人告诉他们应该这样做，而这种解释威胁到了人们的自由感。如果人们因为有人告诉他们应该买辆混合动力汽车，那么人们会认为自己的行为实际上并非由自己控制。人们会认为掌舵的并不是他们自己，而是其他人。

所以，就像吃洗衣球挑战一样，为了重新掌握控制权和自主权，人们往往会对劝说做出反抗。不管劝说他们做什么，他们都会朝相反的方向前进。[①]

"想让我买混合动力汽车吗？不买，谢谢，我要买辆油老虎。""想让我为退休存钱吗？看看吧，我想买什么就买什么！"劝说、告诉，或者只是鼓励人们做某事，通常都会降低他们这样做的可能性。

即使建议与人们最初的想法一致，也会引发一定的心理抗拒。以公司提出一项新倡议为例，这项倡议鼓励大家在会议上发言。有些人可能已经想这样做了，那么这项倡议对于这些人来说应该很容易接受。因此，有人想发表意见，公司也呼吁大家发表意见，这应该是个双赢的局面。

但是，如果这项倡议蒙蔽了人们的双眼，让人们看不到自己的行

---

① 虽然人们并不总是让他们干什么就偏不干什么，但这通常是让他们感到未受别人影响的最佳方法。如果广告说"请购买×××品牌的混合动力汽车"，即使人们可以买其他品牌的，但这样做可能还是会让人觉得之所以买了混合动力汽车，都是因为那个广告的影响。不过，不买混合动力汽车，或者买一辆完全不同的车，比如说皮卡，就能完全摆脱广告的影响了。因此，不按照要求做会给人们带来一定的自由感，但反着做往往更有效。

为是自己发自内心的或自由选择的，那么就可能适得其反。如果有人想要发言，那么他现在对自己的想法会有一些疑问：到底这样做是因为自己愿意，还是因为公司的倡议。这会干扰人们做出决定。如果人们不希望让自己看起来是个遵循指令的人，那么人们最终可能会选择保持沉默。

就像保护国土免受导弹袭击的防御系统一样，人类也拥有反说服雷达系统。这一与生俱来的系统可以帮助人们免受别人的影响。它会不断扫描外在环境，寻找试图影响人们的各种尝试。一旦发现端倪，它就会采取一系列对策，帮助人们做出回应，以免被说服。

最简单的对策就是回避，也就是对相关信息置之不理。比如，播放广告的时候离开房间，挂断推销电话，关闭电脑弹出的广告窗口，避开店里的推销员等。广告越像在说服人们，人们就越可能换频道。减少接触的信息，可以减弱信息的潜在影响。

反驳则是更复杂、更费力的一种反应。这时人们不但会忽略信息，还会积极地提出挑战或努力与之抗衡。

我们以福特F-150皮卡为例。福特公司宣称："福特F-150皮卡拥有顶级的性能……作为行业的领军者，福特在载货和拖车方面超过了其他同类皮卡车。这就是同行总是争相效仿我们的原因。"

但是，人们对此并不买账，而是质疑信息的内容和来源。人们对福特公司发布的信息锱铢必较，而且加以反驳：F-150皮卡真的拥有顶级的性能吗？福特公司当然会肯定这一点，因为它的目的就是让消费者买它的车。我敢打赌雪佛兰也会这么说。你看到了吗？里面不是说性能超过了其他皮卡车，而是加上了"在载货和拖车方面"及"同类"加以限制。我怀疑它是否真的超过了其他所有皮卡车，还是仅限于某些具体的情况。另外，"超过"究竟指的是什么呢？

就像情绪激昂的高中辩论队一样，人们会驳斥其中的每条信息，削弱它的根基。人们戳戳点点，竭力反驳，直到信息土崩瓦解。

鼓励自主性

为了避免产生心理抗拒，为了避免激活反说服雷达系统，催化剂会鼓励自主性。扮演催化角色的人不再试图说服别人，而是让人们自己说服自己。

前面提到的查克见过州长后，组建了一个团队来推动美国佛罗里达州的青少年戒烟计划。

这支团队清楚，传统的广告根本不管用。青少年很聪明，如果有人试图说服他们，他们是心知肚明的。

团队还清楚，健康信息本身也不能解决问题，因为青少年并不认为吸烟有益健康。他们知道吸烟有害，但还是这样做。

那么，还剩下什么方法可用呢？

在讨论了各种方法之后，查克的团队提出了一个非常简单的方法，这种方法以前从未有人用过。

他们决定不再告诉青少年该做什么。

数十年来，大人一直在告诉孩子不要吸烟，吸烟有害健康，吸烟危害生命，要远离烟草。这种告诫一而再，再而三地得到强调，从未停止。

公共卫生宣传也采取了类似的方法。

当然，这其中会有所差异：有些强调健康的重要性（"不要吸烟，吸烟危害生命"），有些强调对外表的影响（"不要吸烟，吸烟会带来一口黄牙"）；有些侧重体育运动方面（"不要吸烟，吸烟会削弱运动能力"），有些侧重同龄人的看法（"不要吸烟，否则你会受到排斥"）。

但是，不管什么特色或风格，潜台词其实都一样。无论明确表达还是暗中提示，这些方法都是在提要求或提建议——我们知道什么对你最有益，你应该按照我们说的做。

可是，这些呼吁最终并没有起到作用。

　　所以，查克的团队没有假设自己知道答案，而是问青少年他们怎么看。1998年3月，查克的团队组织召开了一次峰会，与青少年们一起讨论了这个问题。

　　查克和会议的组织者并没有告诉青少年吸烟有害，而是让青少年带头讨论。组织者所做的就是摆出事实，比如烟草业如何通过操纵和影响力来销售香烟，让吸烟看起来仿佛是成功人士的标志。他们说，这就是烟草业的现状，请青少年们说说应该怎么做。

　　那次峰会可以说硕果累累。美国佛罗里达州反烟草学生联盟随即成立，目的是协调青少年赋权工作。有关烟草行业的信息也被带入了课堂，例如习题：一盒香烟的利润是2美元，如果烟草公司卖出14盒香烟，净赚多少钱?

　　峰会结束不久，他们投放了一批旨在说明"真相"的广告。以其中一则为例，两个普通的青少年坐在家中客厅里给一家杂志社的主管打电话，问他为什么该杂志的读者包括青少年却还刊发烟草广告。

　　这位高管说，杂志是支持反烟草广告的。但是，当其中一个青少年问他可不可以刊发一些反烟草的公益广告时，主管却说不行。当被问到为什么不行时，他说："我们办杂志是要赚钱的。"另一个青少年问道："出版究竟是为了人，还是为了钱?"那位主管给出了令人难以置信的回答。他说："出版就是为了钱。"接着快速地挂断了电话。

整个广告就是这些内容。

这则广告并没有对青少年提出任何要求，最后也没有告诫他们不要吸烟，没有告诉他们该做什么，或做什么会让他们看起来更酷。整个场景只是让他们知道，不管他们有没有意识到，烟草公司都在试图影响他们，而且媒体也加入了这一行列。广告没有进行说服，而是简单地摆出了真相，然后由青少年自己决定该如何做。

结果，青少年们做出了正确的决定。

* * * * * *

查克领导的青少年戒烟计划被称为"真相运动"。在短短几个月内，该计划就帮助美国佛罗里达州3万多名青少年成功戒烟。在几年内，该地区青少年吸烟率降低了一半。"真相运动"成为历史上最有效的大型干预计划。

这个试行计划很快成为美国青少年控烟的模板。后来建立的美国青少年控烟基金会也采用了该策略，"真相计划"自此演变为一项全美运动。同时，查克受聘担任该基金会的执行副总裁。

在这个席卷整个美国的运动期间，青少年吸烟率下降了75%。从未吸烟的青少年开始吸烟的可能性降低，已经吸烟的青少年继续吸烟的可能性也下降了。这项运动仅在头四年就阻止了45万多名青少年吸烟，并节省了数百亿美元的医疗费用。

　　"真相计划"在改变青少年的想法上效果非凡。2002年，美国一些烟草公司起诉，要求停止这项计划，这可以说是证明这种方法十分成功的最有力的证据。

　　"真相计划"之所以能让青少年不再吸烟，是因为它没有告诉他们不要吸烟。查克清楚，青少年很聪明，可以自己做出决定。除此之外他还知道，让青少年自己做出决定，而不是告诉他们怎么做，他们最终更有可能做出正确的决定。

　　查克让青少年自己规划通往目的地的路径。他鼓励他们成为积极的参与者，而非消极的旁观者，让他们感到控制权掌握在自己的手中，从而避免激活他们的反说服雷达系统，同时提高了他们的行动力。

　　为了化解心理抗拒，催化剂会鼓励自主性。它不会告诉人们要做什么，也不会完全袖手旁观，而是找到折中的办法，引导人们前行。

　　有四个关键的方法可以做到这一点，那就是：1）提供菜单；2）提问而非告诉；3）凸显差异；4）从理解开始。

提供菜单

　　鼓励自主性的第一种方法是让人们自己选择路径，也就是让人们自己选择如何到达自己所希望到达的目的地。

聪明的父母一直在用这个办法。其实告诉孩子必须得吃某种食物，通常是行不通的。如果孩子一开始不喜欢吃西兰花或鸡肉，反复劝他们吃只会增加他们的反抗。

聪明的父母不会强迫孩子，而会给他们一个选择：你想先吃西兰花还是先吃鸡肉？

给孩子提供选择，他们会感到自己掌握着控制权：爸爸妈妈没有告诉我该怎么做，是我自己在挑选我想吃的东西。

但是，父母正是通过提供选择而确定了结果，例如小丽莎还是吃了需要吃的食物，只是按照她选择的顺序吃而已。

再比如，你需要去医院打针，你想打左胳膊还是右胳膊？你需要上床睡觉，你想现在就洗澡，还是刷完牙再洗？类似的引导性选择可以让孩子拥有自由感和控制感，同时还能帮助父母达到期望的结果。

聪明的老板也常常这样做。应聘者知道自己应该进行薪酬谈判，所以不管公司给出什么样的条件，他们一般都会提出更高的要求。

对于聪明的老板来说，一种解决方法就是给候选人提供可以权衡的筹码，比如多一周假期相当于少五千美元的薪酬，少一周假期则可以多得一万美元的薪酬。

让应聘者选择对他们来说更重要的东西，会让他们觉得自己在这

01 心理抗拒
Reactance

一过程中扮演着更为积极的角色，同时可能会因此满足他们的谈判需求，而老板也没有吃亏。

这就是提供菜单，即提供有限的选项供人们选择。

比如去意大利餐厅吃饭，大多数情况下我们都会有不止一种选择。我们可以选择意大利面配肉丸或肉酱，还可以选择配传统肉酱或香蒜酱。

顾客可以点他们想吃的任何食物吗？不可以。顾客不能点寿司、蛋卷、羊肉串及餐厅不提供的其他食物。

顾客只能在菜单提供的有限菜品中任意选择。菜单为顾客提供了选项，这些选项是有限的，并且具有引导性。

广告公司在向客户介绍方案时也会这样做。如果广告公司只向客户介绍一个创意，那么在开会期间客户会全程挑毛病，不是找缺陷，就是列举创意不可行的原因。

因此，精明的广告公司会给出多个创意，当然广告公司不会给出十个或十五个方案，而是会给出两三个方案，让客户选择最喜欢的一个。不管客户选择哪个方案，他们的参与度都会提高。

试图说服人们去做某事，人们就会将大量的时间用于反驳。人们会想出各种原因来说明为什么这样做不行，或为什么其他做法更好。总之，人们不想做别人建议的事。

但是，如果给人们提供多个选项，情况马上就变了。

人们不会再纠结于这个建议哪里不好，而是开始思考哪个选项更好。人们不会碰到什么建议都挑毛病，而是开始思考哪种选择最适合他们。因为人们一直参与其中，所以最终很可能会做出最佳的选择。

我有一个朋友过去常常抱怨他的妻子每次问他有什么建议，最后却拒绝接受他的提议。她会问"想去哪儿吃饭"或"周末想干点什么"，如果他回答说"墨西哥菜好像不错"或"我们可以参加星期日举办的那个庆祝活动"，她总是会拒绝。她会说"上周我们刚吃过墨西哥菜"或"周日太热了，我不想整天待在外面"。

这让他很生气。"她为什么要问我想干什么呢？就是想拒绝我吗？"他抱怨道，"她是拿我来试探什么吗？"

后来，他尝试了一种略微不同的方法。他不再只提一个建议，而是给出两个选项。他不再只建议去吃墨西哥菜，而是说墨西哥菜或寿司都不错。他不再只建议去参加庆祝活动，而是说他们可以去参加庆祝活动或在家看他们最喜欢的电视节目。他不再只给她一个选择，而是给了她一个菜单。

突然之间，她不再反驳了。对于他提出的两种选择，她虽然都不喜欢，而且还是会说每个选择有什么不好的地方，但最终还是会选一个。

这一切都是因为这个选择并不是强加于她的建议，这个选择是她自己的。

提问而非告诉

鼓励自主性的第二种方法是提问，不要告诉别人该怎么做。

纳菲兹·阿明是夏尔巴考试培训公司的老板。夏尔巴考试培训公司位于华盛顿特区，主营考试培训和招生咨询。公司开设了美国的经企管理研究生入学考试（GMAT）和研究生入学考试（GRE）的相关培训课程。十多年来，公司已经帮助很多学生考进了美国最好的研究生院校。

不过，最开始的时候，纳菲兹发现有一个问题会反复出现，那就是学生的学习时间不够。

除管理公司外，纳菲兹还经常介入课堂教学。因为大多数学生好几年都没有上过数学课了，而GMAT考试又不允许使用计算器，所以上课第一天一般都会从基础数学开始。此外，纳菲兹还会简要介绍一下课程安排，并鼓励学生制订学习计划。

但是，纳菲兹与学生们交谈时发现，他们的期望与考好GMAT所需的努力之间存在巨大差异。很多人不知道他们将要经历什么，大家都在申请排名前十的学校，却以为只要付出一点点努力就可以考进。学生们并不清楚顶尖学校的录取率往往只有5%，即使在条件全都合格的申请者中也是如此。

很多来上课的人心里都在想，自己如何轻而易举地通过了大学入学考试（SAT），或在以往的考试中表现得多么出色。但是，这次考试可不一样，这里已经不再是高中了。来这里上课的学生面临的竞争对手并非普通的大学毕业生，而是正准备考研究生的优等生，可谓佼佼者。如果学生们还像以前那样学习，那是远远不够的。

当纳菲兹问学生们打算课后学习多长时间时，学生们说出的时间一般都非常短。大多数人会说一周五小时，最长的是一周十小时。那么到课程结束时，他们的课外学习时间大约就是五十个小时。这与他们想要达到的目标分数所需的学习时间差远了——通常需要两三百个小时才够。

但是，当纳菲兹试图解释给学生们听时，大家只是茫然地看着他。学生们要么不相信他，要么觉得压力太大而退出了课程学习。大家心想：上课第一天就听到这么残酷的消息，这个家伙是谁？他凭什么告诉我们需要学习更长的时间？

纳菲兹不想打消学生们的积极性，但他也希望他们能够认清现实。他想让他们认识到，课外需要花更多的时间学习，考试比他们预期的要难，需要花更长的时间准备，这将是一个持续的过程。

于是，纳菲兹没有告诉学生们需要做什么，而是开始改为问他们想要什么样的结果。第二次上课时，他首先问学生们："你们为什么要在这里学习？你们的目标是什么？你们为什么要参加GMAT考试？"

一位学生说："我想考进最好的商学院。"

"很好。你知道需要考多少分才行吗？"纳菲兹问。

"720分。"一位学生回答。

"750分。"又有一位学生答道。

"怎么做才能考到这个分数？"纳菲兹问。

其他学生也纷纷加入，大家开始了一场热烈的讨论。在讨论过程中，大家得知每年大约有25万人参加GMAT考试，排名前20的院校录取人数大约为1万。也就是说，名额很少，但申请的人很多。学生们开始意识到这比他们想象的要难。

当学生们彻底理解自己的处境后，纳菲兹开始把对话引向自己希望的方向——他们需要额外学习多长时间。纳菲兹问："要想使自己的分数进入前10%，你们觉得一周需要额外学习几个小时？"

学生们并没有乱猜或随便给出一个数字，他们意识到自己并不知道答案。于是，他们开始向纳菲兹提问。一位学生问："您比较有经验，您觉得需要学习多长时间？像我这样的人一般需要学习多长时间才能考进顶尖的院校？"

关键的时刻到了。

这时，纳菲兹说出了答案："需要三百小时。"所有人都在认真地思考这句话，他们还计算了一番，在为期十周的课程中，每周额外学习五个小时是远远不够的，他们不得不调整计划。讨论结束时，学生们表示要把额外学习时间增加到原计划的三倍。

* * * * * *

提问有助于得到期待的结果。纳菲兹发现，学生们更加用功了，他们对课程内容吸收得更好了，在考试中的表现也更好了。这不是因为纳菲兹告诉他们要学习多长时间，而是因为他使他们自己认识到了这一点。

提问有几点好处。

首先，就像提供菜单一样，提问会改变听众的角色。人们不再反驳或思考自己不赞同的原因，而是忙于另外一件事——找出问题的答案，这是大多数人都乐于做的事情。

其次，提问提高了人们的参与度，这一点更为重要。人们不愿效仿他人，人们希望跟随自己内心的想法。人们认认真真地思考自己的答案，这个答案反映了人们自己的想法、信念和偏好，这个答案会促使人们采取相应的行动。

警示语和公共卫生宣传语通常会提供一些有用的信息,但口吻却像声明一样严肃,比如"垃圾食品让人长胖"或"酒驾等于谋杀"。

这些说法很直接,但往往都有说教的意味,会让人产生心理抗拒,并激发防御反应。比如人们会认为吃垃圾食品不一定会让人长胖,自己认识的很多人总吃汉堡和炸薯条,他们似乎从来没有胖过。如果人们对某个问题的态度很强硬,那么过于用力劝说他们就会让他们觉得受到了威胁,最后的结果会适得其反。

不过,同样的内容也可以用提问的方式来表达,比如:"你觉得垃圾食品对身体有益吗?"

如果人们的回答是否定的,那么他们将会面临两难的处境。这个问题邀请人们自由表达自己的观点,从而鼓励人们迈出第一步,即承认垃圾食品对身体没有好处。一旦人们承认了,就会尽量避免吃垃圾食品。

提问会鼓励听众得出自己的答案,让自己的行为与自己给出的答案尽量保持一致。

纳菲兹问学生们,他们的目标是什么,这个问题并不是他随机选择的。他之所以问这个问题,是因为他知道学生们的回答会引导他们走向他所希望的结果。

有家医疗设备公司的高管碰到了一个难题，她发现很难让销售经理用心指导下属。她发了一封又一封电子邮件，召开了一次又一次会议，目的就是鼓励资深员工指导他们团队里的年轻人。

但是，推动并没有起到任何作用。因为薪酬取决于达成的销售量，所以销售经理更愿意把精力用在促成交易上，而不是培训其他人。

因为推动没有进展，这位高管觉得十分沮丧，最后她问一位销售经理："你是如何成为一名成功的销售员的？你的销售技巧是从哪里学到的？"

"哦，我是从蒂姆那里学到的，他是我的经理，以前也在这里工作。"那位销售经理回答道。

高管想了一会儿说："如果你的团队成员不向你学习，那他们怎么能成为更好的销售员呢？"

现在，这位销售经理已经成为该公司最优秀的业务导师了。

* * * * * *

如果想改变公司文化或重组团队，该怎么做呢？催化剂不会拿出预先定好的计划，然后强行让人们接受。恰恰相反，扮演催化角色的人会与利益相关者见面，了解他们的想法并向他们提问，让他们参与制订计划。

这样做有两点好处。

首先，可以收集有关问题的信息，并且信息的来源不仅可以包括调查数据或个人案例，还可以包括每天与之打交道的人。这会让解决方案更加有效。

其次，让人们自己推出解决方案会得到大家更多的支持，这一点更为重要。人们不会觉得这是一条强加在他们身上的要求，而是他们亲身参与的一项变革。人们自己得出的结论会让他们更愿意采取相应的行动，从而加快变革的速度。

所以，要提问，而不要告诉人们该怎么做。

凸显差异

提供菜单、提问而非告诉，这两种方法都可以避免剥夺人们的控制感。但是，还有一种方法可以让人们自己说服自己，那就是凸显差异。

这里所说的差异是指想法和行为的脱节，或是人们给他人的建议与自己的行为之间的差异。

能借个火吗？

对于任何一个吸烟者来说，甚至是偶尔吸烟的人，他们可能都听别人问过："能借个火吗？"即使没有数百次，也至少听过几次。这是兄弟之间的小小请求，就像让别人帮忙按电梯，大多数人都乐于效劳。

但是，当泰国的吸烟者在街上被拦下来回答这个问题时，他们可没有丝毫乐意的意思。一位吸烟者说："我不会借你火的。"另一位说："香烟里有毒。"还有一位说："香烟会伤害你，让你得上癌症。你不害怕手术吗？"那里的人们常说，吸烟会加速死亡，导致肺癌，并引起多种其他疾病，而说这些话的可不是公共卫生官员。

实际上，这些话出自每天都吸烟的人之口。这些人目前还在吸烟，但是他们却怒斥吸烟很可怕。

他们之所以这样做，原因在问的人身上。

这是因为向他们借火的人是小孩，这些孩子要么是身穿印有猴子图案的T恤的小男孩，要么是扎着马尾辫的小女孩。他们一米二三的个子，一般都不到十岁。他们会从口袋里掏出香烟，礼貌地向吸烟的大人借火点烟。

遭到拒绝或训斥后，他们会转身走开。但是，他们走之前会递给吸烟者一个纸条，这是将一张纸对折了两次的小纸条，就像学生们上课时偷偷传的小纸条一样。纸条上面写着："你担心我，但为什么不担心你自己呢？"

纸条的最下方还提供了一个可以免费拨打的电话号码，吸烟者可以拨打这个电话寻求戒烟帮助。[2]

二十五年来，泰国健康促进基金会（以下简称"基金会"）一直在宣传这个免费的热线电话，以帮助吸烟者戒烟。但是，尽管基金会在广告和其他以劝说为主的宣传方面投入了数百万美元，也很少有人打电话进来。吸烟者要么对其置之不理，要么没有对这些信息做过多的思考。他们知道吸烟有害，却无动于衷。

于是，基金会在2012年开始尝试减少阻碍烟民戒烟的障碍。他们意识到，最有说服力的不是基金会或名人，而是吸烟者自己。要真正戒烟，人们必须说服自己。考虑到这一点，基金会策划了"吸烟儿童运动"。

几乎每个从孩子那里接过纸条的吸烟者都会停下来，扔掉手中的香烟。但是，他们并没有扔掉小纸条。

这项运动的预算只有五千美元，而且完全没有媒体投入，却产生了巨大的影响。拨打热线电话的人数跃升了60%以上，一段相关视

---

[2]　如需观看相关视频，请访问https://jonahberger.com/videos。

频也疯传起来，在短短一周内观看次数就超过了500万。甚至几个月后，拨打热线电话的人数仍然维持着近三分之一的增长。很多人将其称为有史以来最有效的禁烟广告。

* * * * * *

"吸烟儿童运动"之所以有效，是因为它凸显了一种差异，即吸烟者给他人（儿童）的建议与自己的行为之间的脱节。

人们都希望做到言行一致。人们会希望自己的态度、信念和行为保持一致。那些表示自己关心环境的人会尽量减少碳足迹，那些推崇诚实美德的人会尽量不去说谎。

因此，当态度和行为出现冲突时，人们就会觉得不自在。为了减少这种不适感，也就是科学家所说的认知失调，人们会想办法让一切回到正轨。

泰国吸烟者面对的正是这种矛盾。他们本人是吸烟的，但告诉孩子吸烟有害之后，他们就犯愁了，因为他们自己的态度和行为并不一致。为了减少这种矛盾，必须付出一些代价。他们要么告诉孩子吸烟没有那么糟糕，要么重新审视自己的行为，并且认真考虑戒烟，而他们恰恰选择了后者。

研究人员用过类似的方法让人们节约用水。有一次，美国加利福尼亚州遭遇了周期性的水资源短缺，大学管理人员迫切希望学生们能够缩短淋浴时间以节约用水。传统的说服方法具有一定的效果，但还远远不够。

于是，科学家试图凸显态度与行动之间的差异。一位研究助理站在加州大学圣克鲁斯分校的女更衣室外面，询问要去洗澡的学生是否愿意在宣传海报上签名，以鼓励他人节约用水。海报上写着："缩短洗澡时间。如果我能做到，你也可以！"

对于这种支持公益事业的事情，大学生们都非常乐于帮忙。

签完名后，那位研究助理问了学生们一些有关她自己用水的小问题，例如："打沐浴露或用洗发水时，你会关掉水龙头吗？"

随后，学生们去洗澡了。不过，她们不知道还有一位研究助理悄悄地记录了她们放水的时间（为确保学生们不会注意到有人在计时，那位研究助理假装在另一个洗澡间里洗澡，同时使用防水秒表进行计时）。

凸显学生们态度和行为之间的差异，大大地减少了用水量。她们的洗澡时间也缩短了25%以上。而且，在打沐浴露或用洗发水时关掉水龙头的可能性比原来提高了一倍。

由此可见，提醒人们言行要一致可以鼓励人们改变自己的行为。

* * * * * *

即使人们的态度和行为之间的差异没有那么明显，这种方法也会奏效。

那些否认地球气候变化的人们并不希望自己的孩子呼吸污染的空气。那些习惯于低效工作的员工并不愿意向新员工推荐相同的工作方法。人们的所言所行与他们的期望或给别人的建议存在差异。

以毫无进展的项目或一直亏损的部门为例，这些确实应该被砍掉，但有些人却恋恋不舍。人们会说："再给一次机会吧，再多给点时间吧。"因为惯性，人们本应该放手，却没有这样做。

其实没有必要说服人们砍掉某个毫无进展的项目或亏损的部门，我们可以采用其他方法，比如改变参考点。

如果人们一切从头开始，那么鉴于所掌握的信息，他们会建议启动这个项目吗？如果来了一位新的首席执行官，他会建议保留这个部门吗？如果不会，那还有什么必要一定要这么做呢？

凸显矛盾与差异，并把它摆在大家的面前，不仅可以鼓励人们看到这种不一致性，还可以鼓励人们想办法解决问题。

从理解开始

你可能会觉得意外，在谈到鼓励自主性的最后一种方法时，我们又要回头讲讲格雷格·韦基等人质谈判专家了。

在过去的几十年中，谈判专家一直都在用一种简单的阶梯模型（见图1-1）。无论试图说服国际恐怖分子放开人质，还是改变某人自杀的念头，只要遵循基本的几个步骤，就会见到成效。

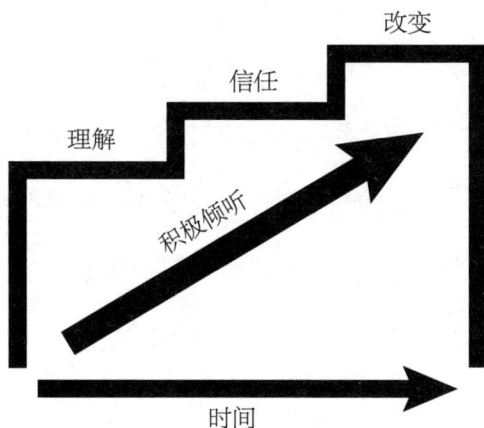

改变

信任

理解

积极倾听

时间

图1-1 阶梯模型

第一步不是施加影响或加以说服。像大多数想要改变他人想法的人一样，谈判新手很想开门见山地说："放开人质，否则我们就开枪了！"他们希望直接跳到他们想要实现的目标。

这样的策略根本行不通，这也没有什么好奇怪的。这样直言不讳，过于激进，往往会导致冲突升级。如果一开始你就想左右某人，那么你做的所有这些都是为了你自己。你这样做不是为了别人，不是为了他们的需求和动机，而是为了你自己及你想要的结果。

在人们做出改变之前，他们必须先愿意倾听，愿意信任与之交流的人。否则，不管怎么去说服都没有用。

想一想，为什么口口相传比广告更具说服力？如果广告里说一家新开的餐厅不错，人们一般不会完全相信，因为人们认为广告里说的话并不完全可靠。

但是，如果有位朋友说她很喜欢某个餐厅自制的意大利面，人们更有可能试一试，为什么呢？因为那位朋友早已赢得了人们的信任。

因此，经验丰富的谈判专家不会一开始就说他们想要什么。他们会从自己想要改变的那个人开始，试图去了解这个人是怎么走到了这一步，试图去理解他的处境、感受和动机，并让他看到是有人理解他的。

陷入危机的人可能会觉得没有人支持自己。他们生气沮丧，希望有人倾听他们讲话。

所以，格雷格·韦基每次谈判的开场白都是这样的："嗨，我是联邦调查局的格雷格，你还好吗？"不管对方是五岁的孩子，还是五十岁的银行抢劫犯，不管是想要自杀的母亲，还是杀人犯，他都会这样说。

这样说不像"我是特工格雷格"那么正式，也和"举起双手，慢慢走出来，否则我们要进去抓你了"迥然不同。

格雷格会先搭一座桥让对方说话，而不进行评判，也不会插进去说自己。他会与对方建立友好的关系，让对方在互动中感受到自己是个参与者。格雷格会提出恰当的问题，表明他在倾听，在关心对方。

除表现出同理心和理解以外，格雷格的问题还有助于收集有价值的信息。这就是所谓的战术同理心，它可以帮助谈判专家了解真正的潜在问题是什么。犯罪嫌疑人为什么沮丧？他需要什么？出色的谈判专家会站在对方的角度思考，一切都以对方为中心，与之建立友好的关系，从而为改变奠定基础。

对于没有经验的谈判者来说，最难的地方通常在于积极倾听，以及站在对方的角度思考，而不是直接解决问题。只有奠定这样的基础，才有可能把问题解决。

当人们感觉对方真的在倾听，真的在关心自己时，信任感就会油然而生。

格雷格会以帮手的身份与他们交谈，他把自己当成他们的支持者或他们实现愿望的桥梁。"听起来你好像饿了，我给你拿点儿吃的吧。""你想要一辆车逃走？想要什么样的车？"他是中间人，是他们的伙伴。从一开始，他就表明自己是来帮他们的，他们是在同一条船上的人。

格雷格的语言甚至也表现出了这一点，比如："我和你一起想办法。""我们必须继续合作，因为我们不想错失机会，对吗？""我和你"及"我们"这类词可以营造一种环境，表明格雷格会尽可能地帮助并保护犯罪嫌疑人，而这个人也需要加以配合。对于试图提供帮助的人来说，人们不太会生他们的气。

只有在表现出理解并建立信任之后，格雷格才会尝试改变对方。他必须等对方愿意听取他的建议和指导时才会采取行动。

不过，即使到了这一步，他也要确保站在对方的角度解决问题。如果银行里有一名持枪抢劫犯，并且挟持了两名人质，告诉他们自己走出来，然后拘留他们，这可能是行不通的。虽然这是格雷格希望他们做的，但不是抢劫犯自己的想法，他可不想蹲监狱。

更有效的方法是让抢劫犯认为这个解决方案是他自己的想法，让他自己说服自己。格雷格会重复抢劫犯的话，同时他提出的问题要符合自己的目的。他会鼓励抢劫犯自己得出结论，即举起双手走出来是最好的解决方案。

这并不意味着抢劫犯想要什么就满足他什么。抢劫犯的首选肯定是带着所有的钱逃跑，从此销声匿迹，逍遥法外，但格雷格不能让这种事情发生。

格雷格的方法之所以强大，主要在于他可以让抢劫犯顺从。他没有告诉抢劫犯该怎么做，而是让抢劫犯觉得格雷格在帮自己。格雷格通过这种方法帮助抢劫犯得出了格雷格想让他自己得出的结论：实现目标的最佳方法就是举手投降。

几年前，格雷格碰到了一个想要自杀的父亲，我们暂且称他为"约翰"。约翰灰心丧气，他失业了，找不到新的工作，担心养不活家人。他觉得唯一能帮助家人的方法就是自杀。他有一份赔付很高的人寿保险。如果他死了，这笔钱可以用来照顾他们。

在这种情况下，人们的第一反应就是单刀直入。如果约翰自杀，保险公司是不会赔付的。所以，你会直接告诉他，对吧？

但是，这样做并没有站在约翰的角度，没有去了解他怎么走到了这一步。如果你想让他保持理性，从你的角度而非他的角度进行交谈，他最终很可能会选择自杀。

所以，格雷格先做了自我介绍。他问约翰"还好吗"，然后开始想办法弄清楚他的潜在问题是什么。约翰说："我为这个家伙工作了二十年，现在却被解雇了。我没有收入了，但我要照顾好我的家人，所以我必须这样做。我的保险可以赔付很多钱，再也没有人需要我了。"

"和我说说你的家人吧。"格雷格立刻转变为帮手的角色。他想了解约翰，因为他关心他。

"好吧，我和妻子有两个很棒的孩子。"约翰说。

由于约翰强调了自己的孩子，所以格雷格顺势利用这个积极的话题来加深了解。

"那和我说说你的孩子吧。"格雷格问道。

"哦，他们是两个男孩。"约翰说。

"两个男孩？真的吗？"格雷格换个方式重复了一下约翰的话。

"是的。"约翰回答。

"听得出来你很爱他们。"格雷格说，并且他的话点明了约翰的情感，"听得出来你真的很爱他们。"

"当然了，我很爱他们。"约翰说。

"在我看来，你真的是一位好父亲，你会选择做正确的事。"格雷格说。

"哦，是的，当然。"约翰说。

格雷格又让约翰聊聊他的孩子及他们的关系。约翰说，他希望他们要争当好孩子，并尊重女性。他带他们出去钓鱼，教他们生活技能。孩子们喜欢和他在一起的时光。

他们聊了一会儿之后，格雷格回过头问他："约翰，在我看来，如果你今天自杀了，你的孩子将会失去他们最好的朋友。"

接下来，双方都沉默不语。

格雷格一言不发，让约翰好好回味他的话。

此时，约翰面临着一个两难的问题。格雷格没有告诉或劝说约翰该怎么做，而是通过倾听和复述约翰自己的话做到了这一点。而且，由于他与约翰建立了友好的关系，并且帮助了他，其中没有任何评判的意味，因此约翰会愿意听他的话。

最终，约翰没有选择自杀，因为自杀似乎不再是一个可行的方案。

＊　＊　＊　＊　＊　＊

阻止某人自杀是极其困难的，好在我们大多数人一般都不会面临这种情况。

不过，格雷格使用的方法在日常生活中同样有效，不管是与供应商沟通，还是与爱人争论，它都可以派上用场。

不要一上来就试图说服别人，先从理解开始。为什么供应商的价格比期望的要高？也许他们的成本上升了。为什么水槽里没洗的盘子会让爱人生气？也许是盘子本身的问题，也可能是盘子让她想起了一个尚未解决的更大的问题。

当人们感到被理解和关心时，就会产生信任。供应商会意识到他想要的是长期的合作关系，而不仅仅是赚钱。爱人会意识到有时候脏盘子就只是脏盘子。在此过程中，大家共同找到了解决问题的途径。③

这就像给花园除草，最快的方法是抓住杂草的顶部，把露出地面的部分割掉。

但是，尽管这种解决方法很快，却不是长久之计。因为如果只除去杂草露出地面的部分，它还会再长出来。不久，你就会发现看似走捷径的方法最终却用了更多的时间。

要真正去除杂草或改变想法，就要找到根源。我们首先要弄清楚行为背后的需求和动机。找到根源，问题就迎刃而解了。

想了解更多谈判专家用来改变人们想法的技巧，
请见附录A：积极倾听。

③ 从理解开始，可以确保对方有机会说出自己的观点，从而降低反说服雷达的抵御作用。在大多数谈判、争论或讨论过程中，人们会用大量的时间思考自己接下来要说什么、为什么对方说的不对，以及为什么他们自己的立场才是正确的。这就是说，人们不会关注对方所说的，而是在考虑如何反驳。人们没有真正聆听对方在说什么，而是在监视整个对话，寻找可以插进自己观点的地方。如果给人们一个自我解释的机会，就会增加他们倾听对方说话的可能性。

化解心理抗拒

如果人们觉得有人在逼迫他们，或试图说服他们，人们往往会选择反抗，决不妥协。

因此，要改变别人的想法，我们必须停止说服，而是鼓励他们自己说服自己。像聪明的父母一样，我们需要提供菜单或有引导性的选择，让人们自行选择达到期望结果的路径。像纳菲兹·阿明一样，我们需要提问，不要告诉他们该怎么做。我们要用提问的方式鼓励人们自己得出结论，让他们看清楚要实现目标，为什么我们内心所想的实际上就是他们解决问题的最好办法。像泰国健康促进基金会一样，我们需要凸显人们给他人的建议与人们自己的行为之间的差异。像格雷格·韦基一样，我们需要从理解开始，通过找到问题根源来建立信任。

没有谁想让别人来支配自己。想一想，你上次因为别人想让你做某事而改变自己的主意是什么时候？

■ **案例分析**

如何改变极端分子的想法

到目前为止，我们已经举了各种不同的例子，比如让青少年戒烟，激励销售人员成为更好的销售导师，让爱人同意自己的建议，鼓励罪犯举手投降。它们都说明了一点，那就是化解心理抗拒有助于催生改变。

但是，这种方法真的可以用来改变任何人的想法吗？

* * * * * *

那是一个周日的清晨。正值六月，阳光明媚。魏瑟尔家的电话铃响了。迈克尔和朱莉这对夫妇正坐在厨房的餐桌旁吃早餐。他们几天前才迁入新居。厨房宽敞明亮，角落里堆满了没有整理好的纸箱子。

迈克尔离电话很近，他走过去拿起了听筒。"您好。"他说。

电话中传来了一个男人的声音。他的嗓门很大，恶狠狠地说："你会后悔搬到伦道夫大街5810号的，犹太小子。"

电话随即被挂断了。

* * * * * *

魏瑟尔夫妇最初搬到美国内布拉斯加州的林肯市是想看看有没有

什么工作机会。耶书仑教会是林肯市最古老的犹太教会，当时正在寻找一位新的精神领袖。迈克尔曾在美国各地的教会担任司会和拉比，现在他正在寻求新的挑战。

林肯市基本以福音派基督教为主，有20多万民众，但只有几百个犹太教徒。定期参加改革派犹太教礼拜的人顶多有十几个，迈克尔的工作就是吸引更多的会众。

经过迈克尔的努力，教会的会众在两年半的时间里增加到一百个家庭。教会在迈克尔的管理下焕发了新的活力。

突然间，这个不祥的电话打了进来。

打电话的人是怎么知道他的住址的？而且还知道他是犹太人？他最担心的是孩子们，因为他们放学后会自己待在家里，等迈克尔和朱莉下班回家。

几天后，更糟糕的事情发生了。

朱莉在办公室忙了一整天，回家时顺便在家门口取了信件。在普通账单和信件中间夹了一个厚厚的棕色信封，上面写着寄给迈克尔·魏瑟尔拉比。

朱莉把信拿到房间里，打开后倒出了一沓纸，里面有传单和小册子，一个比一个吓人，种族歧视的意味昭然若揭。里面的犹太人照片都是典型的大鹰钩鼻子，黑人照片被换成了大猩猩的头。此外，还有支持大屠杀的纳粹宣传册，并引用"官方的话"证明非白种人的种族低劣。

最上面还有一张小卡片，上面写着："三K党正在监视你。"

魏瑟尔夫妇以前也碰到过种族歧视的问题。当他们的儿子与美国田纳西州孟菲斯的一个非裔美国女孩约会时，有人称他为"种族叛徒"。还有一次，有人在学校里见到他们的女儿，大喊她是"杀死基督的凶手"。

但是，他们从未遇到过这么恐怖的事情。

警方的意思很清楚。一位警官说："这样说吧，我们怀疑寄这封信的人是当地三K党的头目。这个人很危险，我们知道他会自制炸药。"

这个人的名字叫拉里·特拉普。说到当地的白人至上主义者，特拉普绝对是头号人物。特拉普是三K党白骑士组织的龙头老大，影响范围覆盖整个内布拉斯加州。

特拉普崇尚暴力，储备了很多机枪和自动武器。他不断在整个地区煽动暴力。比如，他曾威胁当地的一家越南难民援助中心，后来派他的手下晚上闯入援助中心，将其付之一炬。

魏瑟尔夫妇不知道该怎么办。他们在门上安了门闩，出门前将所有物品锁好。当有车慢慢驶过房屋时，他们会十分紧张。孩子们每天放学后都会走不同的路线回家，以免被盯梢。迈克尔和朱莉不喜欢这种受到威胁的感觉，但他们别无选择。

朱莉开始收集有关特拉普的信息。朱莉在一个医务室工作，当地的医护人员都知道特拉普。他小时候就患有糖尿病，因为长期未得到治疗，几乎双目失明。糖尿病还严重地阻碍了他的腿部血液流通，他最初被截断了几根脚趾，后来双腿截肢。

特拉普从此坐上了轮椅。他不断地看医生，走到哪里骂到哪里。他不遵医嘱，嘴巴也不干净。有一家中介服务机构甚至拒绝派人去他家，因为他曾向他们的一名护士开枪。

朱莉找到了特拉普的住址。有一天，她在开车回家的路上沿街而行，最终看到了特拉普那栋平淡无奇的棕色单层公寓楼。他为什么要干这些坏事？她心里想，他是疯了还是太孤独？为什么他心中充满了仇恨？

她一遍又一遍地开车经过特拉普的住处，心中十分懊恼沮丧，于是她翻开了《圣经》。她读到的一段话用来形容特拉普正合适："无赖的恶徒，行动就用乖僻的口，用眼传神，用脚示意，用指点划；心中乖僻，常设恶谋，布散纷争。所以灾难必忽然临到他身，他必顷刻败坏，无法可治。"（箴言6：12～15）

受到经文的启发，她想给特拉普写一封信，和他分享这句箴言。迈克尔觉得这不一定是个好主意。他说，即使朱莉想这样做，也应该匿名。她的朋友也说："你不知道这个人心里想的是什么。他是个疯子，脑子有病！你不知道他会有什么反应。"

几个星期后，特拉普手下的光头仔赞助了当地公共电视台的一个节目。白种雅利安人抵抗组织剪辑了一段视频，到处散布仇恨和白人至上主义。社区协调员说，电视台不能仅仅因为内容就禁止节目播出。所以，节目还是如期播出了。

迈克尔觉得这个节目很让人反感。特拉普让这么多人感到恐惧，自己却能够逃脱惩罚，这太令人气愤了。迈克尔忍无可忍，他决定打电话给特拉普。

迈克尔找到了特拉普的电话号码，拨了过去。没有人接电话，答录机叽里呱啦地说了一长串恶毒的话。

迈克尔没有留言，而是等录音结束后再打进去。他心想，肯定没有其他人会听完这堆废话。

之后，迈克尔会定期给特拉普打电话，但都没有人接，最终他还是决定留言。他很生气，很想朝特拉普大吼一顿，尽其所能地去威胁他。但是，迈克尔是个有信仰的人，所以他只是说："特拉普，你最好想一想你所散播的这些仇恨，因为有一天你将不得不为此接受上帝的审判，这不会是件很容易的事。"

不久之后，只要有空，迈克尔就会给特拉普打电话，并留下简短的信息，例如："你为什么恨我？你甚至都不认识我，怎么会恨我呢？"还有一次，他说："你知道希特勒的纳粹党最先通过的法律就是针对像你这样没有双腿的人吗？你知不知道……"

有些留言十分直接，有些则比较隐晦。但不管怎么说，它们都很有力量，比如："特拉普，世界充满了爱，你却没有得到，你不想要一点爱吗？"

迈克尔把这些信息称为"爱的留言"。

特拉普不断地收到留言，与此同时，他的世界也在发生变化：他被卷入一连串夜间纵火案；之前的一位邻居指控特拉普威胁并侮辱过他；特拉普认识并尊重的一位三K党成员遭到另外两位成员的抢劫，并惨遭杀害；他自己的健康也每况愈下。

更糟糕的是，答录机上的留言也让他大为困扰。他不知道对方什么时候会再打来电话，而他的声音总是那么好听，那么让人感到温暖，充满了幸福和快乐，与自己形成了鲜明的对比。

这些留言让特拉普十分生气。

所以，当电话再次响起时，特拉普抓起电话。"你到底想干什么？"他气急败坏地说，"你为什么总骚扰我？别再骚扰我了！"

"我不想骚扰你，特拉普。我只想和你聊聊。"迈克尔说。

"你就是在骚扰我。你想干什么？有话直说。"特拉普说。

迈克尔停顿了片刻。"好吧，我想你可能需要帮助。"迈克尔说，"我想知道我是不是能够帮到你。我知道你需要坐轮椅，我想也许我可以推你去杂货店之类的地方。"

特拉普大吃一惊，他不知道自己该说什么。

电话两头都安静下来。

随后，特拉普慢慢地清了清嗓子，他的声音第一次有了变化，其中少了些仇恨，少了些冷酷无情。

"你人很好，不过我有帮忙的人。不管怎么说，还是要谢谢你。但是，请不要再拨打这个号码了，这是我的对公电话。"特拉普说。

后来，有一个星期六的晚上，魏瑟尔一家人正在家里谈论要看什么电影，电话铃突然响了，说是要找迈克尔。迈克尔接过电话，立即听出来了是谁的声音。

"我想要出去，"特拉普说，"但是我不知道该怎么做。"

迈克尔问道："你需要帮忙吗？"

"我不知道该说什么，"特拉普说，"我很迷茫，还有点腻烦，这让我厌恶一切。"

迈克尔说他可以过去看看他，但特拉普并没有同意。迈克尔问特拉普饿不饿，最后他让步了。迈克尔说他会带些吃的过去，特拉普给了他地址。

当特拉普开门时，迈克尔握了握他的手。特拉普颤抖了一下，就像触电一样，然后哭了起来。他垂头看着手指上带有纳粹标志的戒指，忍不住摘了下来。他把戒指交给迈克尔时说："它代表了我一生中所有的仇恨，你能把它带走吗？"

特拉普大哭起来。"我很抱歉，"他说，"为我所做的一切感到抱歉。"迈克尔拥抱了他，告诉他一切都会好起来的。

* * * * * *

1991年11月16日，特拉普正式退出三K党，并向所有他伤害过和威胁过的人道歉。他给媒体写了一封信，为他"对美国内布拉斯加州各个种族和个人说过的侮辱性语言和带有种族歧视的绰号"致歉。

他把家里凡是带有种族歧视的东西全部清除了，准备重新开始生活。

他与迈克尔和朱莉也建立了深厚的友谊。

新年前夕，特拉普被查出肾脏衰竭，还有不到一年的生命。迈克尔和朱莉邀请特拉普与他们同住，他同意了。他们将客厅改成一间卧室，朱莉辞去了工作，专门照顾健康状况日趋恶化的特拉普。

最后，特拉普皈依了犹太教。他在迈克尔的教会完成了皈依仪式，而他曾计划将这间教堂炸毁。三个多月后，特拉普在迈克尔和朱莉的家中去世。

* * * * * *

特拉普在整个童年里都在躲避父亲的虐待。无论有意识还是无意识的，他成年后的大部分时间里在试图讨好他那同是种族主义者的父亲。奇怪的是，模仿曾带给他最大伤害的行为竟然赋予特拉普继续前行所需要的力量。直到有一天，有人让他看到了另外一种选择。

迈克尔并不是第一个试图鼓励特拉普做出改变的人，警察曾一次又一次地将特拉普带到警局。

当时，维持治安主要以惩罚为主。警察会竭尽全力阻止这种行为，但是警察从未真正停下来去思考这个问题的根源：这个家伙经历了什么才会如此行事？

没有任何劝说，迈克尔让特拉普退出了三K党。迈克尔还向特拉普伸出了橄榄枝，告诉他有人在乎他，这让特拉普知道世界上有比仇恨更强大的东西。

"你可以将马牵到溪边，但你不能强迫它饮水。"迈克尔说，"但是，如果它渴了，就会主动饮水，特拉普也是一样。"

特拉普并不是因为迈克尔让他改变才做出了改变，他之所以改变是因为他自己得出了这个结论。但是，迈克尔并没有袖手旁观，他化解了特拉普的心理抗拒，引导他走上了一条可以自己探索的道路。

"我一直陪着他，有点像《沙滩上的脚印》那首歌唱的一样。"迈克尔说，"我没有把他推向哪里，而是朝某个方向走着。起初他只是跟随前行，后来他找到了自己的路。如果我在这一过程中起到了催化剂的作用，那么我觉得我做了一件好事。"

正如特拉普本人所说："我是美国最顽固的白人激进主义者。如果我能够改变想法或心意，那么任何人都能。"

* * * * * *

迈克尔通过化解心理抗拒改变了特拉普的想法。迈克尔没有告诉特拉普该做什么，而是开辟了一条沟通之路，鼓励特拉普自己说服自己。

* * * * * *

不过，心理抗拒并不是阻挡改变的唯一障碍，因为即使人们的反说服雷达系统没有发出警报，人们也通常不愿意放弃自己正在做的事情。

在本书第四章"不确定性"中，我们将会讲到人们一般有恐新症。人们会低估或回避新事物，因为变化往往涉及不确定性。人们会想，目前尚不清楚新事物到底好不好。

但是，除低估新事物外，人们还会高估他们已经拥有的东西，比如他们正在使用的产品和服务、他们持有的想法和态度，或是他们参与的计划和项目。要想了解其中的原因，我们必须先研究一下禀赋效应。

02
禀赋效应
Endowment

几年前，我的苹果手机出了问题。这个手机我用了快六年了，我很喜欢它。我需要的功能，它都有，而且大小合适，正好可以放在兜里。可以说，它真的是个很棒的手机。

但是，它的存储空间快满了。里面存储的图片和视频，再加上不断增加的应用程序，已经占用了几乎所有的可用空间。

最开始，倒也没什么大事。里面有些歌曲我从未听过，还有些应用程序我也很少用，所以我就把它们都删除了。

不过，没多久，要想找到没用的文件就没那么容易了。每当我想拍一张新照片时，我都必须先删除一张旧照片。我需要考虑哪张照片我更在意。是简阿姨和她的生日照片，还是我亲爱的小狗第一次去雪地玩耍的照片？

朋友们都建议我看看新手机，所以我研究了一下。新款手机的处理器速度更快，还多一个摄像头，存储空间也更大。但是，它们比我原来的手机长了近20%，而且也更宽。我很难用一只手拿着手机，还用同一只手打字。此外，它们放在兜里也不合适。

手机大小是最重要的因素吗？肯定不是。实际上，如果你提前问我，我可能都想不到尺寸问题。但是，亲眼看到新款手机之后，我就会三思而后行了。

我不想换手机，我想继续使用我原来的手机，只要稍微升级一下就行。我心想苹果公司最终肯定要发布尺寸较小的版本，所以我为什么不等几个月呢？

但是，就在我等待的期间，我的手机越来越慢，隔一段时间还会死机一次。

最开始，手机设置中出现了一个红点，点进去发现苹果公司推出了新的操作系统，但我的手机空间不足，无法安装。

后来，航空公司的应用程序需要更新，但是要在新的操作系统下进行。这意味着我再也用不了移动登机牌了，我每周出差时都需要多记一件事。就像引擎一个个坏掉的螺旋桨飞机一样，我的手机功能也逐渐用不了了。

尽管遇到这么多问题，我仍在等待。尽管受到了一次又一次折磨，我还是坚持用我的旧手机。

最后，因为有一次没有打印登机牌而差点错失航班，我让步了。我再也坚持不住了，于是打电话订购了一部新手机。

* * * * * *

你可能以为故事到这里就结束了。你一定会认为，手机到货后，我打开包装，高高兴兴地用上了新手机。

但是，事实并非如此。

我太过于依恋旧手机，结果新手机到货三个多月我都没有打开，我还在坚守陈旧的技术。与此同时，我的旧手机也越来越跟不上时代了。

你可能会觉得这个故事很有趣，甚至很可笑。但是，这种现象要比你想象的更为普遍。

一般来说，新事物都会更好——速度更快，内存更大；服务更全面，性能更好；管理策略更有效，更与时俱进。所以，人们应该改用新的产品或服务。但是，人们并没有这样做，人们仍倾向于坚守旧物。

尽管我们大可将其归因于怀旧情结，但确实有一些微妙的因素在发挥作用。

杯子与人

想一想上次停电的时候，你是否用手机当手电筒，但又担心手机会没电。来电以后，你又必须重新设置一些电子设备。如果停电时间很长的话，你还得把冰箱里所有变质的食物扔掉。总而言之，这种经历没有什么快乐可言。

没有人喜欢停电，但是太平洋煤气电力公司想要弄清楚用户到底有多么不喜欢停电，以此来平衡供电保障与成本——公司可以花钱设计和实施更多的预防措施，但服务会因此而变得更加昂贵；公司可以降低电费，但供电保障可能会受到影响。

用户究竟更看重哪一点呢？是更高的供电保障，还是更低的成本？

为了找出答案，研究人员对1300多名用户做了调查。研究人员提供了六种供电套餐，让用户选择一种。有的套餐比较昂贵，但承诺的停电次数较少，每次停电的时间也较短。有的套餐比较便宜，但停电次数较多，时间还较长。

大多数用户接受询问时，都没有选择停电次数过多的套餐，这没有什么奇怪的。如果人们选择停电次数过多的套餐，那么人们就每月至少有一次长达四个小时的停电，这意味着人们会有更长的时间坐在黑暗中，还要担心冰箱里的食物是否会变质。就当前而言，大多数用户每年都会经历大约三次停电，因此他们表示，如果服务这么差的话，每月至少要有20美元的折扣。

但是，有些人却非常喜欢这个停电次数更多的套餐，即使它意味着更差的服务。

这些人为什么会选择保障较低的服务呢？他们是年纪较大，还是对价格更敏感？即使保障较低，他们也愿意选择更便宜的服务？

不，不是这些原因，唯一的原因在于人们的现状，也就是人们已经得到的东西。这些人已经经历过多次停电的情况——每年多达十五次，每次四个小时，所以他们倾向于选择一种与他们目前的经历相似的套餐，尽管对大多数人来说，这似乎是一个糟糕的选择。

* * * * * *

现状偏差可谓无处不在。人们倾向于吃他们一直吃的食物，买他们一直买的品牌，给他们一直支持的事业捐款。

我们以刚刚做过心脏搭桥手术或血管成形术来扩张堵塞动脉血管的人为例。手术之后，通常会有不止一位医生反复告诉他们要改变饮食和生活方式。但是，实际上只有大约10%的人会遵医嘱。

要改变别人是很难的，因为人们往往会高估他们所拥有的一切，包括他们所拥有的东西和正在做的事情。

请看看下面这个陶瓷咖啡杯（见图2-1）。

这是一个灰白色的杯子，把手牢固好用，能够盛装任何热饮。你愿意花多少钱买这个杯子？最多愿意出多少钱？

图2-1 陶瓷咖啡杯

当被问到这个问题时，人们思考后给出的价格平均不到3美元。这是一个不错的杯子，但是没有什么太大的价值。

还有一些人也被问到了一个类似的问题，但略有不同。这些人看到的还是同样的一个杯子，但问题不是他们是否愿意买这个杯子，而是让他们从卖方的角度出发，如果他们拥有一个这样的杯子，自己愿意最低多少钱卖出。

买和卖的价格本应该是一样的。毕竟这是同一个咖啡杯，不管买还是卖，人们心中的估值都应该是相同的。

但是，事实并非如此。人们希望卖出的价格平均是买入价格的两倍。

为什么会出现这种情况呢？

这并不是说大家都想从中赚取利润，即低价买入，高价卖出。实际上，一旦人们拥有了某物，人们就会舍不得放弃，因此也会更看重它。

这就是所谓的禀赋效应，我们随处可见。比如，杜克大学的学生愿意花大约200美元购买全美大学生篮球锦标赛四强赛的门票，但已经拥有门票的学生希望获得2000多美元才出让。再比如，就同一张棒球卡而言，与没有得到时相比，人们拥有后会觉得它更值钱。不管时间、知识产权或其他因素如何，人们放弃某物会比获得某物索要更高的价格。所有权甚至会增加信念和想法的价值，当人们拥有某物时，人们会觉得它更加珍贵。

实际上，人们拥有某物或从事某事的时间越长，人们就越珍视它。举个例子，人们在某个房屋里住的时间越长，人们对这个房屋的估价就越高于市场价格。也就是说，人们对某物或某事的依恋性越强，放弃就越困难。

损失厌恶

任何改变都有其优势和劣势。新手机的电池寿命更长，但尺寸更大。新的供电套餐停电次数更少，但成本更高。新的软件更省钱，但必须与旧系统进行对接，还需要一段时间的学习。

事实证明，这些优势和劣势的权重并不一样。

假如，我想和你打赌抛硬币。如果正面朝上，我给你100美元；如果反面朝上，你给我100美元。你会和我打这个赌吗？

如果你和大多数人一样，你可能会拒绝。你有机会赢得100美元，但是你同样可能会损失100美元，因此就潜在的收益而言，你认为自己似乎不值得去冒险。你认为自己最好按兵不动，什么也不要做。

古典经济学通常会认可这种做法。如果计算一下这种情况下人们的期望值，我们需要把各种可能的结果乘以其发生的概率，然后求和，那么我们会发现最终得到的结果为零。具体来说，赢得100美元的可能性为50%，也就是50美元，而损失100美元的可能性也为50%，也就是50美元，那么正负50美元之和为零。因此，究竟该不该打这个赌，人们应该是无所谓的态度。如果再加上参与打赌所需的精力，甚至可以说人们的期望值是负的，所以大多数人会拒绝打这个赌。

但是，请再想象一下，如果我们略微提高一下潜在的收益，即把正面朝上赢得的金额从100美元变为102美元，而潜在的损失不变。根据标准经济学原理，你应该会打这个赌，因为这时你的期望值为（102×50%）+（−100×50%）=51−50＝1美元。1美元虽然金额不大，但如果打100次赌，你可能会赢得100美元。所以，根据期望值，你应该打这个赌。

不过，你会打这个赌吗？为了赢得102美元，你愿意冒损失100美元的风险吗？

你可能不会。实际上，我可能要大大提高潜在的收益，才能吸引几个愿意跟我打赌的人。

因为损失比收益更令人难以忍受，在决定是否打赌、是否买新手机或做出任何改变时，潜在的劣势都要比潜在的优势更为重要。与赢得100美元相比，失去100美元让人感觉更糟糕，它甚至比赢得110美元更糟糕。

实际上，研究表明，潜在收益必须是潜在损失的2.6倍，人们才会愿意采取行动。也就是说，如果人们可能损失100美元，那么潜在收益必须至少是260美元，人们才会愿意打这个赌。

每当人们考虑改变时，人们都会与自己的当前状态进行比较，也就是现状。如果潜在收益与潜在损失差不多，那么人们就不会做出改变。

要想让人们做出改变，优势至少是劣势的两倍以上才行。新的软件不能只有一点点优势，它必须比原来的软件好得多。新方法的效果不能只有一点点，它必须比旧方法有效得多。如果人们不得不放弃自己喜欢的东西或失去自己重视的东西，那么所产生的收益（比如提高的效率、降低的成本或其他积极的改变）必须达到两倍以上。①

_____

① 这里有两点需要注意。首先，新事物不一定要比原来的东西好一倍。优势（好处或收益）只要是任何一种劣势（成本或损失）的两倍即可。举个例子，一项新服务不一定要比原来的服务快一倍，但是速度或其他优势至少要达到获得该服务所需的成本或学习如何使用的时间成本等的两倍。其次，人们认识到的收益和损失才是最重要的。新服务的速度可能是原来的两倍，但是如果用户根本不关心速度，那就没有用了。同样，如果有人就是喜欢更大的手机，那么尺寸的增加也不会被视为缺点，而是一种优点。损失厌恶针对的不是属性，而是改变。如果人们认为新车具有旧车的所有优点，那么即使某些属性有所不同，也不会存在任何损失。真正了解人们的需求和价值观，有助于确定某个特定的改变会被视为收益还是损失。

尽管新事物的优势通常一目了然，但潜在的变革推动者往往会忽略劣势或成本。

以购买新笔记本电脑为例。货币成本是很容易看到的，但是还有一些不太明显的成本，比如阅读评论、比较属性，以及找到最佳产品的时间成本，还有订购新产品、进行设置、学习如何使用新系统所投入的精力，更不用说因选错产品而后悔的潜在代价了。

这些成本都可以归结为"转换成本"，即更换产品、服务、供应商、医生、付款方式、上班路线等在财务、心理、时间、精力等方面的障碍。

无论更换杂货店（要弄清楚商品摆在哪里）、网球搭档（要弄清楚谁负责接什么球），还是更换办公室（记住谁坐在哪里、东西放在哪里）或改变工作方法（推翻过去的习惯），转换成本都无处不在。

所以，人们更愿意墨守成规，即使当前的选择并不完美。

我不愿意换掉旧手机也是这个道理。虽然新手机的技术更为先进，速度更快，反应更灵敏，还有很多新技术带来的其他优点，但是我仍坚守着我的旧手机。

难道好处能够达到转换成本的两倍吗？实际不然。

如果换新手机，我需要走出当下，放弃我所熟知并喜爱的小手机。

面对潜在的损失及其他各种缺点，人们往往难以下定决心去改变。

那么，要如何减轻这种禀赋效应呢？

这里讲两种重要的方法：1）指出不行动的代价；2）不留后路。

指出不行动的代价

在沃顿商学院的市场营销学入门课上，读MBA的学生一般会碰到一个著名案例。这个案例是虚构的，讲的是一家名为"山人"的啤酒酿造公司。这是一个家族企业，八十多年来一直生产一种啤酒，也就是"山人拉格啤酒"。这种啤酒质量上乘，在美国中西部地区享有很高的声誉，而且在工人阶层中拥有极其忠实的顾客群。辛苦工作一天后，人们喜欢在回家的路上去酒吧喝杯啤酒。

不过，随着21世纪初顾客口味的改变，该公司的领导层一直在思考应对之策。淡啤酒的销量在不断增长，喝拉格啤酒的人越来越少了。公司的销售额在不断下降，这还是历史上的头一次。不过，下降的比例不大，每年大约为2%。

公司的管理层正考虑推出一种淡啤酒，但又担心这样做会使现有顾客流失。如果喜欢淡啤酒的雅皮士开始喝这个品牌的啤酒，那么他们的核心顾客（工人阶层）就可能会选择其他品牌的啤酒。

整个案例的关键在于推出淡啤酒是否会葬送核心品牌。MBA学员要预估新推出的淡啤酒的销量，计算这会对现有拉格啤酒的销量造成多大的损害，然后得出结论，说明这一举措的危险程度。

每个人都会担心新事物的潜在风险。推出淡啤酒会不会导致拉格啤酒的销量下降5%或20%？推出新啤酒会对品牌价值造成多大的损害？核心顾客会不会不再购买这个品牌的啤酒？

MBA学员花了大量时间思考改变的潜在风险，但他们却没有仔细衡量一件同样重要的事，那就是什么都不做的风险。

比起开展新业务，公司延续自己做了八十多年的业务会让人觉得更安全。但是，事实并非一定如此。公司的销量正在下降，所以什么都不做并不意味着事情会朝好的方向发展，而是意味着公司正在消亡的路上缓慢前行。这个过程虽然缓慢，但结果是必然的。

* * * * * *

下面几种情况，你觉得哪一种会更疼？是手指断了或膝盖粉碎等重伤，还是手指扭伤或膝盖发软等轻伤？

随着年龄的增长，人们总会经历各种各样的小伤，伤势不重，但持续的时间更久。比如，打篮球时扭伤了手指，不敢使劲弯曲；打网球或日常活动中伤了膝盖，导致膝盖发软，时不时会觉得站不住；肩膀或后背酸痛不已，仿佛这种伤痛永远都不会消失似的。

这些伤痛并不严重，但它们会时不时发作，发作的时候会有点疼。这些一般只是小问题，而非大问题。

尽管得些小病也不好，但似乎总比大病强得多，比如摔断腿、心脏病发作或摔碎膝盖之类的。

如果问问大家愿意得小病还是大病，答案自不用说。膝盖发软可能很烦人，但膝盖粉碎可是非常可怕的。如果膝盖粉碎，需要做侵入性手术，外加几个月的艰苦康复，还要一直打着石膏，活动受限，直到完全康复为止。如果说膝盖发软仿佛是围着你家的几只苍蝇，那么膝盖粉碎就是出没于你家的大批蟑螂。

但是，仔细观察一下，我们会发现一些有趣的东西。与轻伤相比，重伤的恢复速度可能更快。这看似有些反常，原因在于人们遭受重伤时的反应。

如果受到重伤，人们会采取积极措施加快康复的速度。人们会咨询医生，做手术或服用药物。人们会与理疗师交谈，共商治疗方案，并制订康复计划。这一切都是为了更快地康复。

但是，人们面对较轻的伤痛往往不会动用相同的资源。当然，人们回家后可能会吃几粒布洛芬，或者给扭伤的手指敷些冰块，但不太可能会制订长期的治疗计划。

即使人们制订了计划，也不太可能会遵循。有些人本应每天早晨服用两片药，再做十分钟的理疗来放松身体。但是，谁有时间每天工作前做这些事？很快，理疗记录就被压在了一堆纸的下面，药瓶被重新放回了药柜。

从很多方面来讲，这种反应差异都是说得通的。咨询医生、看专科大夫、制订治疗计划，这些事既耗时又耗钱。

但是，正是因为这些小病不严重，没有得到重视，才永远不会被消除。

与膝盖粉碎相比，膝盖发软的持续时间会更长，因为重伤超过了我们对疼痛的忍受程度，但轻伤却不会。没有那么疼的轻伤不会让人们做出较大的反应，这意味着它们永远都得不到有效处理。

如果某种产品或服务差得不行，人们会去寻找新的替代品。但是，如果它的表现一直以来只是稍逊一筹，那就没有太大的动力让人们做出改变。

如果当前的状况十分糟糕，人们会很容易做出改变。人们之所以愿意改变，是因为惯性行不通了。如果你家里到处都是蟑螂，你就必须打电话给专业的灭虫机构，而唯一的问题只是打哪家而已。

但是，如果情况没有那么糟糕，就很难让人改变了。如果原来的东西没有那么差，为什么还要费钱费力地进行更换呢？如果屋子里只有几只苍蝇，那么还值得给专业的灭虫机构打电话吗？也许苍蝇自己就会飞走。

极差的东西会被换掉，但不好不坏的东西则会安然无事；糟糕的表现会引发行动，但普普通通的表现则会产生自满情绪。

* * * * * *

要克服禀赋效应，我们需要让人们认识到不采取任何行动的代价——坚持现状其实是有缺点的，它并不安全，也并非毫无代价。

我的堂兄过去每次写电子邮件时，都会手动输入签名。不管工作邮件还是私人邮件，他都会在结尾处写上"祝好，查尔斯"。

我第一次听说这件事时，非常震惊。为什么他不设置一个自动签名呢？这样以后每次发邮件都会自动加上"祝好，查尔斯"。

他是这样回答的："敲这几个字也就是几秒钟的事儿。再说了，我不知道怎么设置自动签名，还得花时间研究。"

对我的堂兄来说，现状似乎已经足够好了。他知道自己的做法并不完美，但这并不足以激励他做出改变，他认为怎么都能挤出几秒钟的时间去敲签名。

此外，对于他来说，改变的成本似乎大于收益。他认为设置自动签名需要更长的时间，却只能每次为他省几秒钟，所以为什么还要改变呢？

我一次又一次地劝他设置自动签名，但都没用，于是我尝试了另外一种方法。

"你觉得你一周需要写多少封电子邮件？"我问。

"我不知道，"他回答说，"大概四百封左右吧。"

"那你每次手动输入签名需要多长时间？"我接着问。

"最多几秒钟。"他说。

"那么你一周会在这上面花多长时间？"我继续追问。

这时，他沉默不语。

接着，他打开了搜索引擎，输入了"如何添加邮件签名"。

如果现状并不优越，但还可以，抑或现状一般，但并不糟糕，那么似乎就不值得做出改变，因为目前的状况似乎还不坏。

但是，指出不行动的代价有助于人们认识到保持现状并不像表面看起来那样毫无代价。

例如手动输入邮件签名花不了多长时间，也就两三秒钟，所以似乎不值得花时间改成自动签名。但是，如果你每周要写400封电子邮件，加在一起就大约需要10到20分钟来输入邮件签名。一年下来，就需要十几个小时。突然之间，邮件签名问题似乎不是什么小事，而且代价很高。这时，你一定会意识到做出改变是一个更好的选择。

* * * * * *

格洛丽亚·巴雷特是美国南加州的一位财务顾问，她的咨询范围包括财富管理、人寿保险和退休计划。她发现，有些年轻客户投资更为积极，在他们的投资组合中，股票所占的比例更高。相对而言，有些年纪较大的客户投资更为谨慎，他们喜欢期限较短的产品，比如债券。

不过，格洛丽亚有一位名叫"基思"的客户，他的行为没有任何道理可言。基思四十多岁，没有打算二十年后退休，但他的想法却过于保守。他有超过一半的钱都存在了银行里，不想用来投资。

格洛丽亚给基思看了相关数据，试图告诉他股市具有更高的回报率。她给他看了一份又一份报告，告诉他即使是最谨慎的投资也可以赚到更多的钱。但是，基思丝毫没有做出改变。

股市似乎是有风险的。所以，虽然基思之前投了一些钱在里面，但他还是担心会把剩余的钱搭进去。此外，储蓄账户是有利息的，尽管不能获得丰厚的回报，但账户余额每年都在增加。虽然利息不多，但表面上看将钱存在银行似乎还是不错的。

有一次和基思通完电话后，格洛丽亚觉得很挫败。她决定不再强调增加投资的潜在收益，而是换个角度，告诉基思把这么多钱存起来具体造成了多少损失。

从1月1日开始，格洛丽亚在接下来的几个月中，每次与基思通话或见面时，都会提到他因为安于现状损失了多少钱——最初只有几美元，后来变成了几百美元，再后来高达几千美元。

"我怎么会有损失呢？"基思问，"我每次看储蓄账户，余额都有增加。"

"当然了，"格洛丽亚回答说，"但您并没有考虑通货膨胀。根据您目前的理财情况，即使与最保守的投资相比，您也损失了不少钱。"

基思没有立即做出改变。他吞吞吐吐，犹犹豫豫。但是，当损失最后变成上千美元时，他支撑不住了，从储蓄账户中拿出了一部分钱用于投资。再次与格洛丽亚通话后，他把其余的大部分存款拿了出来。基思还留了一部分积蓄，但这与他的投资期限是相吻合的。同时，他的投资回报大大地增加了。

改变是要付出代价的。新产品需要花钱购买，新服务需要时间来学习如何使用，新举措需要精力去推动，新想法需要时间去习惯。

而这些代价大多是要提前付出的。你必须先花钱购买新书，然后才能阅读。你必须花时间学习新程序或新平台，然后才能使用。

但是，改变的好处往往需要更长的时间才会显现。只有拿到新书并开始阅读，你才能从中获得乐趣。只有新程序或新平台最终启动并运行数周或数月之后，你才能看到它的优点。

正是这种成本效益的时间差阻碍了人们的行动，这没有什么奇怪的。人类并不是很有耐心的动物，人们喜欢更快地得到好东西，而把不好的放在后面。因此，如果改变意味着现在就要付出代价，日后才能受益，那么人们就不会轻易付诸行动。

这就像戒糖一样。从长远来看，戒糖有助于减肥和保持健康，但在短期内必须付出代价，比如放弃美味的巧克力蛋糕，结果如何，想必大家都能想到。

因此，人们倾向于保持现状。如果不是什么必需的事情，为什么现在就要付出代价呢？尤其是现状看起来还可以接受。

* * * * * *

商业畅销书作家吉姆·柯林斯曾说过："优秀是伟大的敌人……我们没有伟大的学校，主要是因为我们拥有优秀的学校。我们没有伟大的政府，主要是因为我们拥有优秀的政府。很少有人能经历伟大的人生，主要是因为我们能比较轻松地过上不错的生活。"

改变也是如此。当情况还不错的时候，人们很容易安于现状。改变是需要代价和努力的。因此，只要现状还可以，人们改变的动力就会减弱。

但是，尽管不采取行动往往看似没有代价，但其实这并不像看上去那么毫无成本。现状可能很好，甚至还不错，但与更好的东西相比，它就相形见绌了。尽管这种差异起初看起来很小，甚至无关紧要，但随着时间的积累，差异会越来越大。

所以，为了改变想法，为了减轻禀赋效应，催化剂会指出不行动的代价，让人们更容易看清楚他们现在所做的事情与另一种可能的选择之间存在什么差异。

催化剂不会强调新事物比旧事物好多少，也不会强调行动的潜在收益。相反，催化剂会强调不采取任何行动会造成多大的损失。

正如损失厌恶所示，损失的影响要大于收益。与获得10美元的高兴相比，损失10美元引发的难过其实更甚；与提高效率产生的益处相比，保持低效造成的损失更让人难过。看到自己损失的时间或金钱，比看到本可以得到的好处更有动力。我们可以通过这种方法降低人们保持现状的可能性。

只要措辞得当，像头痛这种小问题也是值得解决的。

不留后路

指出不行动的代价有助于人们认识到没有行动并非没有代价。但是，如果禀赋效应十分强大，有时我们需要更进一步才能催生变化。这时可能就需要我们烧毁船只，不留后路了。

埃尔南·科尔特斯小的时候，没有人认为他长大后会成为著名的探险家。科尔特斯出生于西班牙麦德林一个不太富裕的家庭。他小的时候又瘦又小，体弱多病，还患有腹绞痛。十四岁时，父母鼓励他学习法律。当时，克里斯托弗·哥伦布发现新大陆的消息传到了西班牙。科尔特斯不满足于小镇上的生活，计划乘船前往美洲大陆。

1504年，科尔特斯登上了伊斯帕尼奥拉岛（今分属海地和多米尼加共和国）。在接下来的几年里，他在那里站稳了脚跟。他注册成为当地的公民，当上了公证人，还参加了征服邻国古巴部分地区的战事。科尔特斯赢得了当地总督的青睐，被任命为殖民地政界的一名高官。

后来，总督让科尔特斯协助他入侵墨西哥。人们当时认为，那片大陆金银满地。总督让科尔特斯带领探险队深入墨西哥腹地，将其变成他们的殖民地。

科尔特斯率领十一艘船到达了尤卡坦半岛，船上共有大约六百人、十三匹马和几门大炮。他以西班牙的名义夺取了这片土地，赢了几场与当地人的战争，从古巴手中接管了当今的韦拉克鲁斯州，即墨西哥湾对面的沿海地区。

* * * * * *

建立都城后，科尔特斯想继续探险之旅。据说，三百多千米之外的特诺奇蒂特兰是一座财富满盈的神奇城市。

但是，科尔特斯和总督在这一点上出现了分歧。总督担心自己会失去对探险队的控制权，于是下令免除科尔特斯的统帅之职。但是，科尔特斯还是选择了前行。如果当时他返回古巴，将面临监禁或死刑。他唯一的选择就是征服新的土地，并驻扎在那里。

科尔特斯的属下并非都愿意向内陆挺进。有些人仍效忠于总督，当他们知道了统帅的计划后，便密谋夺船驶回古巴。

科尔特斯迅速采取行动，镇压了他们的叛乱，但他也面临着一个两难的困境。要想拿下特诺奇蒂特兰，他需要这些人的效忠。但是，船只都是现成的，很难防止再生叛变。如果有人偷偷地登上一艘船，他们会驶回故土，总督的人马也会追踪而来。

面对这种情况，科尔特斯做出了一个不同寻常的决定——烧毁船只。他命人把补给物资和大炮搬下船，然后放火将十一艘船全部烧毁。

为了防止再生兵变，他把自己的船也拆毁了。

现在，回乡已经是不可能的事了，所有人都必须勇往前行。

* * * * * *

科尔特斯的做法似乎很疯狂。他不仅发表了一份声明，还切断了回家的唯一路径。但事实证明，他并不是唯一一个采用这种策略的人。

公元711年，穆斯林指挥官塔里克·伊本·齐亚德率军入侵伊比利亚半岛。到达目的地后，他下令焚烧船只，以防有人临阵脱逃。中国也有一个古老的成语叫作"破釜沉舟"。在这个典故中，项羽为了鼓励军队义无反顾地投入战斗，也采用了类似的做法。

与大多数人每天都会面对的情况相比，这种策略显然是稍显极端的。

不过，针对人们依恋现状这个普遍问题，我们不用那么激进的做法也可以解决问题。我们不用将过去的做法全盘否定，只要让人们意识到这样做的实际成本即可。

萨姆·迈克尔斯是一家娱乐公司的IT主管，该公司属于中等规模。萨姆除了要维护公司网站及其他数字平台，还要确保公司的软件和硬件运行平稳，并升级到最新版本。

这种升级本是相对简单的事情。新系统和新软件具有更多的功能，新桌面更便捷，更安全，因此员工本应该都愿意升级。

尽管升级是件好事，萨姆却发现总有些人不想改变。这些人宁愿坚持使用旧版本，也不愿更换新电脑或新软件。他们认为现有的电脑运行良好，还可以继续使用，所以不想花时间学习新的操作系统，也不想冒丢失文件的风险。

转换成本成了他们的绊脚石。

这些人不愿意改变主意。萨姆给他们发提醒邮件，分享链接告诉他们升级会有什么好处，甚至亲自到办公室里请他们升级，但他们仍旧不感兴趣。

最终，萨姆厌倦了，不想再去推动他们。于是，他尝试了一种不同的方法。

一个周一的上午，萨姆给所有尚未升级的人发了一封电子邮件。萨姆除了建议他们更换新的电脑，并告诉他们可以得到什么帮助，还通知他们IT支持将会发生变化。

为了安全起见，所有在两个月内仍旧运行Windows 7的电脑都必须断开网络连接。由于大多数员工都换了新电脑，IT部门将不再追踪有关旧电脑的最新信息，也将不再支持某个年份之前生产的电脑。如果旧电脑出现故障或问题，员工需要自行解决。IT部门不希望出现这种结果，也愿意帮助员工更换新电脑，但如果有人不愿意和大家一起更换，有问题就只能靠自己解决了。

萨姆发完邮件，就去吃午饭了。

一个小时后，他回到了办公室，发现几乎一半的人都回复了他，想约时间升级电脑。那周快结束的时候，其余需要升级的人也发邮件给出了类似的答复。

* * * * * *

萨姆的邮件之所以产生了效果，是因为他断了员工的后路。他没有像科尔特斯那么极端，他没有卸载员工的旧版Windows，也没有将他们的电脑扔到窗外。

但是，道理是相同的。他指出了不采取行动的代价，并明确表示代价很快将会升级。此外，他还提出员工仍然可以使用旧电脑，但如果他们这样做，出了问题便只能自行解决。

这种方法的应用范围十分广泛。

汽车制造商不会拒绝为老款汽车制造零件，但一旦过了某个合理的期限，它们就不会再制造那么多零件了。因此，零件的价格会上涨，从而鼓励消费者购买新车。

汽车制造商不会强迫消费者做出改变，它们也不会为零件提供补贴。它们会把成本转嫁给消费者，从而降低消费者保持现状的可能性。

不采取行动很容易做到；坚持相同的信念并不费劲，坚持相同的策略和方法并不会浪费时间，坚持使用原来的产品和服务也用不着多花钱。

所以，当人们要在采取行动和不采取行动之间做出抉择时，不采取行动往往会胜出。一切都是惯性使然，在没有外力的作用下，静止的物体往往会保持静止。

因此，有时候我们需要把"不采取行动"这一选项去掉，或者至少不再提供帮助。在摔跤比赛中，有的摔跤大师不用什么招数就能击败新手，不过，一旦按兵不动的代价更高，这场比赛就会突然变得势均力敌。这时，每个人都处于平等的地位。

将"安于现状"这一选项取消，人们将不会再思考新事物是否比原来的好。不断后路有助于人们将旧事物搁置一旁，转而斟酌哪种新事物值得追求。

减轻禀赋效应

人们总是依恋于自己正在做的事情，包括人们拥有的产品和信念、与之合作的供应商，还有人们所支持的计划。

催生改变不仅要让人们更加适应新事物，还要帮助人们放下已经拥有的东西，也就是帮助人们减轻禀赋效应。像财务顾问格洛丽亚·巴雷特一样，我们需要指出不采取行动的代价，帮助人们意识到安于现状并不像看起来那么毫无损失。像IT行业的萨姆·迈克尔斯一样，我们需要不留后路，让现状不再成为一个选项，或者至少停止补贴或提供帮助。

要想了解现实生活中减轻禀赋效应会产生多大的效果，我们只需看看那一场出人意料的选举即可，即英国的脱欧公投。

■ 案例分析

如何改变一个国家的想法

2015年5月21日，多米尼克·卡明斯同意施以援手，成立一个脱欧游说组织，这个组织最后被命名为"投票脱欧"（Vote Leave）。第二天，他便开始了那项艰巨的任务——让英国人放弃拥有近五十年的欧盟成员国身份。

* * * * * *

公投与传统的政策制定方法不同，它是由民意决定的。英国是否应该留在欧盟，最低工资标准是否应该提高，还有一些其他问题，并不是由少数政客决定的，而要请所有选民投出他们心仪的一票。

大多数公投都以失败告终。以美国俄勒冈州和加利福尼亚州为例，这两个州的州级投票活动最为活跃，但通过的公投大约只有三分之一。在全球范围内，公投的通过率也只是略高一点。

要想让公投获得成功，必须说服很多人做出改变。不管是提高原来的最低工资标准，还是放弃四十六年的经济一体化、农业补贴和自由贸易，都需要人们改弦易辙。

就英国的脱欧公投而言，离开欧盟的风险特别高。英国的大部分食品、燃料和药品依靠进口，因此只要贸易放缓，就有可能导致这些物品短缺。经济学家担心英国脱欧会影响进出口贸易，还会导致英镑贬值。

因此，很少有人认为这项公投会通过，这不足为奇。大多数民意调查显示，英国将会继续留在欧盟。博彩公司的看法也是一样，赔率显示亲欧盟阵营获胜的可能性为80%。

卡明斯意识到，公投在信息传递上存在挑战。从根本上说，当前的状况更容易解释。"留欧派"并不需要剖析为什么欧盟对英国人不利，或者欧盟给予英国的种种补贴、拨款和其他支持能不能抵消英国对欧盟的投资。他们只需要告诉人们坚持到底、保持现状、不要搞乱就行。

如果说"脱欧派"有机会爆出冷门的话，那他们就不会陷在困境中无法自拔了。他们需要一条任何人都可以理解的简单信息。

于是，卡明斯给"投票脱欧"组织买了一辆红色的大巴士，让政客们开着车在全国转，同时向选民喊话。巴士的一侧用白色大字写着："我们每周给欧盟3.5亿英镑，这些钱不如用来资助我们的医疗服务体系。"

这辆巴士后来被称为"脱欧巴士"，它不仅吸引了人们的注意力，还指出了不做出改变的代价。英国人可能原以为留在欧盟更安全，并且没有什么代价。但是，巴士向他们展示了另一面，即英国每周要向欧盟缴纳数亿英镑的会费，这些钱本可以用在国家医疗服务体系之类的地方。

此外，巴士还有另外一个作用。卡明斯在这条信息的下方用较小的字体打出了"脱欧派"的口号。

最开始的口号是"掌握控制权"。卡明斯很喜欢它的简洁，但还是觉得缺了点什么。所以，他想到了另外一种表达。

卡明斯可谓精通损失厌恶和现状偏差的大师。他知道人们更愿意安于现状，而不愿意尝试新的事物。虽然"掌握控制权"这个口号不错，但它隐含着这样一个前提，即"脱欧是行动，留欧是现状"，这正中对手的下怀。

如果他能将其翻转过来……让大家认为脱欧才是现状……那么……

他灵光一现，把口号改了一下，但改动不多，只是把"掌握"换成了"拿回"。不过，这么一改，参考点就完全变了。

这回，口号变成了"拿回控制权"。

卡明斯在博客中写道："'拿回'是一种强烈的进化本能，我们讨厌失去东西，尤其是控制权。""拿回"这个词触发了损失厌恶，让人们觉得他们失去了什么东西，而离开欧盟正是重拾这些东西的一种方式。

英国大选研究团队对选民进行调查时发现，喜欢"拿回控制权"这一口号的人是喜欢"掌握控制权"的人的四倍。2016年6月23日，英国举行脱欧公投，计票结果出乎意料。英国人通过投票决定退出欧盟。

* * * * * *

卡明斯通过"拿回控制权"这一口号巧妙地重塑了整场辩论。他利用了人们的禀赋效应，即人们认为自己拥有的东西价值更高，并提醒他们英国曾经不在欧盟之列，并且脱欧并不危险，这只是回归正轨的一种方式。这样做只是让一切都回到原来的样子。

这种策略用起来并不总是一帆风顺。在推广新药或新的制造工艺时，如何让它们看似一种挽回损失的方式，我们可能不会马上找到答案。

但是，在很多情况下，这种方法都可以巧妙地改变人们的惯性。2016年，唐纳德·特朗普在总统竞选中也曾使用过这个方法。他没有说他会让美国变得伟大，而是说他会"让美国再次伟大"，帮助美国恢复昔日的光芒。罗纳德·里根在1980年的总统大选中也传递了类似的信息。

这种方法并不限于政治领域。学校会说如何让课程回归基础，企业会说如何通过新方法让产品回归初心。他们都没有强调新想法、新政策或新倡议有多么新颖，而是重申这与以前有多么相似。

对于新产品和新服务，也可以用这种方法来介绍，比如说："这和您一直以来所熟知、所喜爱的产品一样，只是根据当今的时代需求更新了一下而已。"

要向人们强调的是，这不是改变，只是更新罢了。

* * * * * *

心理抗拒和禀赋效应是妨碍人们做出改变的两个重要障碍。要想知道为什么提供信息往往无法改变人们的立场，我们就必须明白距离的重要性。

03

距离
Distance

弗吉尼娅年轻活泼，身穿白色T恤，戴着一副眼镜，看上去十分友善。每当弗吉尼娅敲门的时候，她都不知道开门的人会有何反应。大多数人都会开门问她有什么事。

身为游说拉票团队的一员，弗吉尼娅正在询问迈阿密选民对跨性别者权利的看法。迈阿密-戴德县委员会最近通过了一项保护跨性别者不受歧视的法令。这是一个有争议的话题，支持方和反对方的意见都很强烈。

"您会给它打几分？"弗吉尼娅指着纸上的评分量表问古斯塔沃。从强烈反对到强烈支持，不同的分数代表对跨性别者权利的不同态度。

这时，古斯塔沃正站在自己的家门口。这位老人是拉美裔，他的无袖汗衫被掖在卡其色的裤子里，看上去很传统。如果再套上一件古巴衬衫，古斯塔沃就和美景社交俱乐部的成员没什么两样了。弗吉尼娅是个性别不明的人，她并不符合传统男性或女性的特点。

古斯塔沃点了点评分量表下方的数字，这说明他是反对这项立法的。"是因为浴室的事，你才这样选的吗？"弗吉尼娅问。古斯塔沃说，他是因为担心这项立法将来会被人利用才不支持的，如果有哪个变态男利用这项立法进入女浴室，该怎么办？

"你为什么会这么想呢？"弗吉尼娅问。

"因为我来自南美。"古斯塔沃说，"我们南美洲人不喜欢

×××。"他用了一个明显具有蔑视性的词语来形容跨性别者。

听到这种蔑称，就像被人打了耳光一样。大多数人都会礼貌地感谢这位选民，谢谢他愿意抽空回答问题，然后走开。大多数人都认为不值得花时间改变像古斯塔沃这样的人，也不可能改变他，因为他的想法太根深蒂固了。

但是，这种直觉会不会有错？有没有什么办法可以改变这样的人呢？能不能说服坚定的保守派支持跨性别者权利等自由主义政策呢？

跨越分歧

如果用"分裂"一词来形容当今的美国政界，那可以说是轻描淡写了。超过一半的民主党人和共和党人都觉得对方十分反感，这一数值是20世纪90年代中期的三倍多。邻居们会撤掉院子里的标语牌，大家都回避对立的观点，很多感恩节晚餐提前说明参与者莫谈政治。

"过滤气泡"①一词经常被用来解释这种不和。物以类聚，人以群分。人们总是喜欢那些支持他们观点的媒体，而技术加剧了这一趋势。

————————————

① "过滤气泡"由伊莱·帕里泽提出，指的是在算法推荐机制下，高度同质化的信息流会阻碍人们认识真实的世界。

人们不再通过与邻居聊天或翻阅当地的报纸来获取新闻和信息，而是一切皆来自网上。网络环境越来越个性化，网络会专门推荐迎合个人现有观点的信息。脸书会优先推荐来自你联系最密切的人的信息，这些人往往和你持有相似的观点。推特仅会向你推送你所关注的人的信息，而这些人往往也是和你意见一样的人。

网络和社交媒体共同导致了知识孤立主义，人们很少会接触对立的观点。这些算法，再加上人们喜欢点击支持自己观点的信息，最终使人们在各自的回音室内越来越孤立。

要想解决这个问题，专家建议我们要跨越分歧，不要躲在自己的网络气泡中，要与持不同意见的人交谈，要修建一座可以到达另一侧的桥。

从直觉上看，这是有道理的。如果抛开讽刺和刻板印象，与持不同意见的人交往，双方都会受益。人们会把对方当正常人看待，而不是过于敏感或应受谴责的对象。通过了解对方为什么持有不同的意见，我们所有人都会站在更细微的角度看待问题。

但是，这样做真的有效吗？

* * * * * *

社会学家克里斯·贝尔对此抱有希望。他认为，如果能让人们考虑一下对方的观点，人们就会改变心态。通过接触对立的观点，人们会进行折中。虽然改变不会很大，但还是会有的。例如，自由派和保守派不会去唱黑人圣歌《到这里来吧》，但他们至少会对这个群体有所接近。

为了验证这种可能性，贝尔设计了一个巧妙的试验。他招募了1500多名推特用户，让他们关注发表对立观点的账号。在一个月的时间里，他们会从对立方的政府官员、组织和舆论领袖那里获得信息。比如说，自由派人士可能会看到《福克斯新闻》或唐纳德·特朗普的推文，而保守派人士可能会看到希拉里·克林顿或美国计划生育协会的帖子。

这可以说是数字时代跨越分歧的一种方式。虽然这是一种简单的干预措施，但可能会对社会政策产生重大影响。

到月底的时候，贝尔及其团队衡量了这些推特用户的态度，以及他们对各种政治和社会问题有何看法。比如：政府监管是否有益？同性恋是否应被社会所接受？军事力量是确保和平的最佳方法吗？

这是一项艰巨的任务。他们做了多年的准备，工作了数千个小时。他们希望（正如成千上万的专家、专栏作家及评论员所说的那样）人们与另一阵营的人建立联系会拉近彼此的距离。

不过，事实并非如此。接触对立方的观点并不能使人们的态度有所缓和。

实际恰恰相反，接触对立方的观点确实会改变人们的想法，但方向却是反的。接触自由派信息的共和党人没有转而支持自由派，反而变得更加保守，对社会政策的态度更加极端。自由派也是如此，关注保守派信息的民主党人并没有妥协，而是更加支持自由主义。

如果他们所接触的推文带有说服意味，那就是另外一回事了。正如本书第一章所述，尝试说服别人通常会引发心理抗拒。

但是，在这项试验中，大多数帖子并没有告诉人们去做某事，而是仅仅摆明信息而已。

那么，为什么提供信息没有起到作用呢?

纠正错误的观念

当我们试图改变别人的观念时，会寄希望于证据，认为摆出事实、数字和其他信息就会拉近他们与我们的距离。

这种想法很简单。我们认为数据会引导人们更新自己的想法，人们会思考这些证据，并相应地改变自己的看法。

不幸的是，事情并非总是如此。

请看下面这个例子。人们都知道，疫苗能够帮助人们预防麻疹、腮腺炎和风疹等疾病。虽然大多数人都会接种疫苗，但有些父母因为担心疫苗和自闭症有关，所以不让孩子接种疫苗。其实，他们的担心是毫无根据的。

2014年，美国《儿科学》杂志发表了一篇文章。研究人员想要弄清楚让人们接触真实信息是否有助于他们纠正错误的观念。研究人员给受试者看了疾病控制中心的科学证据，揭穿了疫苗与自闭症有关的谎言。该证据指出，"很多严谨的科学研究没有发现麻疹、腮腺炎和风疹疫苗与自闭症之间存在关系"，并总结了不同研究中的不同发现。

受试者读完文章后，发表了各自的看法。

接触真相会有所帮助吗？答案是：会有一点帮助。对于乐意接种疫苗的人来说，这些信息是有益的。这些信息减少了人们的误解，增强了人们为孩子接种疫苗的意愿。

但是，对于不乐意接受疫苗的人来说，接触真相会适得其反。疾病控制中心的科学证据并不能纠正他们的错误观念。实际正好相反，这样做反而降低了他们为孩子接种疫苗的可能性。

很多研究有类似的发现。无论医学、政治，还是其他领域，理应改变人们想法的证据并非屡试不爽。有时，它会提高人们相信事实的可能性，有时则只会加深人们的错误观念。即使这些信息几乎没有说服的意味，不会让人产生心理抗拒，人们对这些信息也会不屑一顾。

接触真相并不能改变人们错误的观念，往往还会增加误解。有时，向人们提供正确的信息会使他们对错误的信息更加深信不疑。

那么，信息什么时候能起到积极的作用，什么时候会适得其反呢？

橄榄球场的比喻

半个多世纪以前，耶鲁大学、范德堡大学和俄克拉荷马大学的行为科学家曾试图回答上面这个问题。那是在20世纪50年代末，他们想选择一个有争议的问题进行研究。针对这个问题，不同的人会有不同的意见，而且也很容易比较支持不同立场的信息。

他们选的这个问题就是饮酒。

尽管美国大多数州几十年前就已经废除了禁酒令，但这项研究的所在地俄克拉荷马州仍禁止卖酒。当时，俄克拉荷马州刚刚举行了全民公投，禁酒令的命运将由此决定。最后，支持禁酒令的一方以微弱的优势胜出。在俄克拉荷马州，有些人反对禁酒，但希望维持禁酒令的人稍多一些。这是一个理想的研究话题。

研究人员准备了不同的书面上诉书。

这其中有一些上诉书强烈反对禁酒令。这些上诉书指出，很多人喜欢喝酒，因此不应限制酒的销售和饮用。

还有一些上诉书的态度则较为温和，有的提出了这样的建议：应该规范酒的销售，允许在特殊情况下进行限量供应。

之后，研究人员招募了禁酒令的支持者（比如基督教妇女戒酒联合会的成员及打算当神父或修女的学生）参与试验。这些人会阅读其中一种上诉书，研究人员接下来会衡量他们的态度变化。

想一想，读完上诉书后，他们对饮酒的看法会有多大的变化呢？

有人可能会想，让人们面对较极端的立场会催生较大的改变。但是，事实并非如此。研究人员分析研究结果后发现，措辞强硬的上诉书并不能有效地改变人们的想法。

这其中的原因在于拒绝区。

* * * * * *

研究人员让受试者阅读上诉书之前，先确定了他们当前对饮酒和禁酒令的看法。他们给受试者看了八份上诉书，让他们圈出与自己最接近的一种陈述。其中，有些陈述强烈支持禁酒令，有些强烈反对，还有一些则介于两者之间。

我们假设有一个标注了码线的橄榄球场地，不同的码线代表对禁酒令的不同看法。场地一方支持禁酒令，另一方反对禁酒令，位于端区的都是态度十分强烈的人。

支持方端区全是强烈支持禁酒令的人。他们十分赞同这样的说法："因为酒是人类的诅咒，所以应该完全禁止酒的销售和饮用，包括淡啤酒在内。"

反对方端区的人想要彻底废除禁酒令。他们十分赞同这样的说法："很明显，没有酒，人就无法生活。因此，不应该限制酒的销售和饮用。"

越靠近中场，人们的态度就没有那么极端了。在25码线附近的人赞成或反对的态度都不是很强烈。他们觉得有些限制挺好，不过在合理的场合也应该允许少量供应。在50码线上的人则保持中立，他们既不支持，也不反对。

除选择最能代表他们观点的陈述以外，受试者还要指出哪些观点他们不反对，哪些观点他们反对或不支持。

这些选项构成了两个区域。

一个是接受区，包括人们最认同的观点，以及他们可能支持的观点。

安全区域之外是拒绝区，其中包括人们强烈反对或认为错误的观点。

我们以那些因为自己的态度而位于中场的人为例。这是他们当前的态度，但他们的接受范围可能会朝两边不断延伸，涵盖他们支持的所有观点。而再往外就是拒绝区了，那是他们不会支持的区域。

不同的人在球场上会有不同的位置，他们的接受区和拒绝区也有差异。

一个人可能位于其中一个端区，接受区延伸到20码线，超出此范围则为拒绝区（见图3-1）。

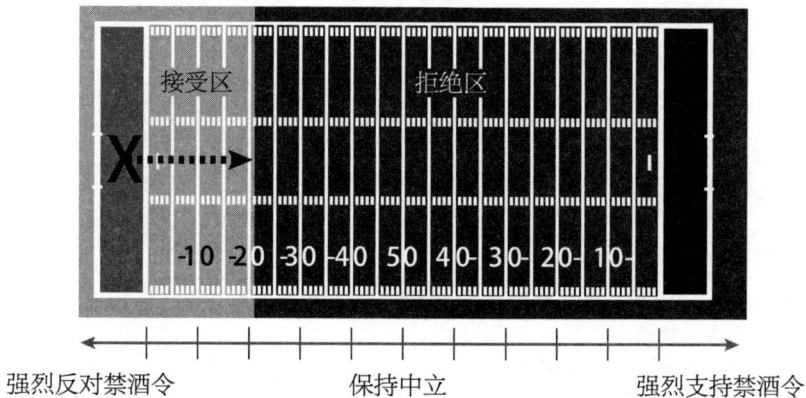

图3-1　接受区与拒绝区对比图（1）

另外一个人可能位于25码线上，接受区为自己的这个半场，而拒绝另一方的所有观点（见图3-2）。

这些不同的区域进而决定了反禁酒令上诉书的成败。人们会将自己看到的信息与自己的既有观点进行比较。

如果两者比较接近（即在接受区之内），那么这条信息就会达到预期的结果，人们会朝着理想的方向发生改变。

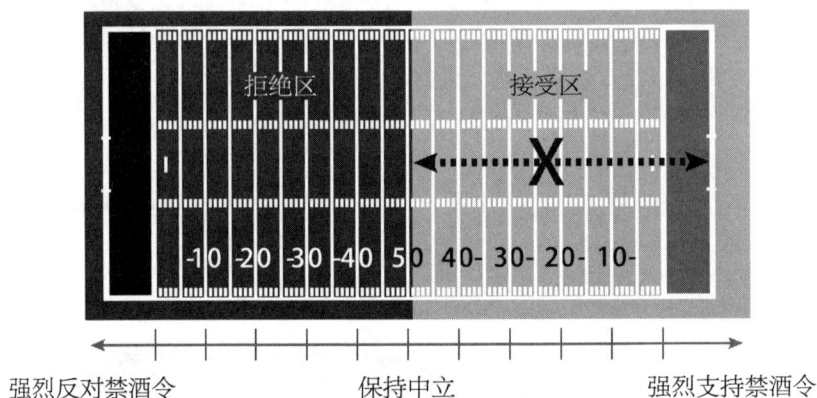

图3-2　接受区与拒绝区对比图（2）

但是，如果信息落在拒绝区，它就会失败。它的内容不仅起不到说服的作用，还会适得其反。人们会朝着相反的方向发生改变，人们甚至更加确定自己最初的观点是正确的。[2]

总而言之，与措辞强烈的上诉书相比，措辞温和的上诉书改变了更多的人，人数几乎是前者的三倍。

有的时候，弱胜于强。

---

[2]　政治也是如此。共和党人不只听保守派新闻，民主党人也不只看自由派媒体的报道。人们根据自己所处的位置，愿意考虑或听取某些观点，而将其他观点拒之门外。一个极端自由的民主党人可能认为Slate电子杂志比较公平，但绝对不会考虑读《华尔街日报》的报道，而一个较为温和的民主党人可能认为Slate电子杂志比较极端，但会考虑读更为保守的新闻，甚至包括《福克斯新闻》的报道。

确认偏见

我们试图改变别人的想法时，往往希望立刻就能有重大改变。例如，我们现在就要大幅加薪，我们希望诋毁者立即变成支持者。

我们认为只要提供足够的信息，人们就会改变心意；我们认为只要分享更多的证据，列举更多的原因，或者整理一套合适的宣传资料，人们就会改变想法。

但是，正如我们经常看到的那样，人们非但没有改变想法，反而寸步不让，更加坚信自己是对的。

正如我们所讨论的，心理抗拒是其中的一个原因。当人们觉得有人试图说服他们时，他们的警惕性就会提高，并且加以反驳。

但是，即使没有任何说服的意思，有时只是提供信息也会适得其反。

原因就在于拒绝区。

每个人都会处于一个范围或区域，在这个范围或区域内的想法，他们都愿意考虑。例如，坚定的保守派反对政府支出和监管，如果有一项有关消除赤字开支或保护自由市场的政策，他们可能会支持。但是，如果超出这个范围或区域，比如提高债务上限或提供全民医疗，这样的政策就会事与愿违。信息离人们的接受区越远，人们听从的可能性就越小，反而更有可能被推向相反的方向。

拒绝区不仅会影响人们的转变，还会影响人们对信息的感知和反应。人们在搜索信息、解释信息、选择是否举手赞同时，都希望这样做可以确认或支持自己的既有观念。

* * * * * *

举个例子，在普林斯顿大学和达特茅斯学院的橄榄球比赛结束后，两所学校的学生都被问了几个相关问题。这是一场艰难的比赛，两支球队都遭到了多次判罚。达特茅斯学院的四分卫在后场被拦截，腿部骨折。普林斯顿大学的明星尾后卫摔断了鼻子，外加轻微脑震荡。普林斯顿大学最终获胜，但双方都很生气，大家都在激烈地讨论谁对谁错。

不过，粉丝如何看待这场比赛完全取决于他们支持哪一方。普林斯顿大学的学生认为，是达特茅斯学院的球队先动的粗，犯规次数是他们学校的两倍。达特茅斯学院的学生则认为双方打得都很粗暴，普林斯顿大学的犯规次数更多。同样一场比赛，却有两种截然不同的观点。

这种偏见甚至会影响人们对客观事物的看法，比如科学研究。

斯坦福大学的教授向受试者提供了两项研究的信息，这两项研究都与死刑的威慑作用有关。一项研究发现，死刑起到了威慑作用。这项研究比较了美国14个州在实行死刑之前和之后的谋杀率，结果发现，其中有11个州实行死刑后谋杀率降低了。

另一项研究发现，死刑并没有起到威慑作用。这项研究比较了10对刑法不同的相邻的州。结果发现，其中有8对显示，实行死刑的州的谋杀率更高。

除研究结果外，斯坦福大学的教授还介绍了研究方法，包括详细的研究过程等。

接着，研究人员问受试者他们觉得研究是否可信，以及研究的质量如何，也就是说研究做得好不好。

团队的忠诚度可能会影响观众对比赛的看法，这是可以说得通的，但我们还是希望人们对科学研究的回应会更加客观，特别是像对待死刑这么重要的问题，毕竟生死攸关。

但事实证明，人们如何看待这些客观的科研结果完全取决于他们在"球场"上的位置，也就是他们本来的立场。支持死刑的人认为那项证明死刑有效的研究更具说服力，而反对死刑的人的想法则完全相反。

他们对研究质量的看法也是一样。支持死刑的人认为，那项证明死刑有效的研究"设计精巧""收集数据的方式似乎比较正确"。反对死刑的人反驳道："既然没有那几年整体犯罪率上升的数据，给出的证据就没有什么意义。"对于那项发现死刑无效的研究，双方的观点正好反了过来。反对死刑的人表示："研究相邻的州可以使结果更加准确，因为它们的地理位置相似。"而支持死刑的人则说："两个州的情况可能完全不同，即使它们共享一条边界线。"

即使是看似客观的事实，也取决于人们用来解读这些事实的既有观念。人们是决定接受研究结果，还是寻找其中的缺陷，这更多地取决于研究结果是否符合他们的既有观念，而非科学研究所采用的特定方法。

难怪一个人认为的真相在另一个人看来却成了"假新闻"。信息是真是假取决于当事人在"球场"上的位置，所以提供证据有时只会拉大对立双方的距离，起不到团结的作用。

* * * * * *

这种为了确认个人既有观点而寻找和处理信息的趋势被称为"确认偏见"。

每个人都有确认偏见。确认偏见会影响医生制订的治疗方案、陪审员做出的决定，以及投资者遵循的策略。确认偏见还会影响领导者采取什么样的行动，科学家进行何种研究，以及员工听取哪些反馈。

正如心理学家托马斯·吉洛维奇所说："在查看与既定观点相关的证据时，人们倾向于看到他们所期望看到的东西，得出他们所期望得出的结论……对于自己期望得出的结论而言……我们会扪心自问，'我可以相信它吗？'但是，对于自己不愿接受的结论而言，我们则会问'我必须得相信它吗？'"

* * * * * *

这些偏见会让改变想法难上加难。人们不仅要愿意做出改变，还必须愿意接触可能让他们迈出这一步的信息。

碰到新的想法或信息，人们会将其与自己的既有观念进行比较。人们会考虑和权衡，以确定它是否符合自己的既有观念。

如果这些想法或信息在接受区，就会被打上"可信赖"和"安全可靠"的标签。同时，这些想法或信息会朝着这个方向影响人们。

如果这些想法或信息在拒绝区，则会被视为不可靠的、错误的，或属于传闻。甚至更糟糕的是，这些想法或信息会被完全忽略，人们会朝着相反的方向做出改变。③

那么，我们如何才能克服这些偏见呢？催化剂该如何避开拒绝

---

③ 反过来也是一样。人们对信息是真是假的判断，将决定他们认为信息来自哪一方。如果人们认为信息是真的，那么他们就会认为它来自自己这一方。如果人们认为信息是假的，那它肯定来自反对方。

区，如何鼓励人们考虑他们要说的话呢？

有三种方法可以缩短距离：1）找到可以拉近的中间区域；2）从小目标开始；3）转换场地，找到共同点。

找到可以拉近的中间区域

每次美国大选，政治运动都会花掉很多钱。例如2016年，美国总统和国会选举的支出就超过了65亿美元。

尽管有些钱用在了工作人员、食品和交通上，但说服选民的花销才是大头，比如直邮、电话拉票和上门拉票，还有试图说服人们投票的电视、广播和数字广告。

有证据表明，这些钱花得值当。政治学家深入了解了几十项有关初选和投票方法的研究，结果发现广告和政治运动在联系选民上是有效的，直邮和上门拉票等方法会影响选民对候选人的评价，并改变他们的投票对象。

但是，政治学家分析大选结果后却发现了一些不同之处——直邮和拉票等方法对大选的平均影响为零。尽管很难评估电视、广播和数字广告的有效性，但他们发现效果同样令人失望，这些广告也没有产生任何影响。

为了确认自己的发现，政治学家又做了更多的测试。他们设计了新的试验，研究了数千名受试者。但是，尽管他们将统计精度提高了十倍，结果却依然相同，即毫无影响。

为什么会这样呢？

答案在于初选和大选之间的差异。不管初选还是大选，都会有多位候选人相互竞争，他们在不同的问题上表明自己的立场，并试图赢得选民的投票。

但是，初选是党内候选人的竞争，而大选通常是两党竞争。初选的两位候选人会站在"球场"的同一侧，而大选的候选人则分属两侧。就大选而言，两位候选人不仅距离很远，还有可能一个在某人的接受区内，另一个在拒绝区内。

在这种情况下，要想改变人们的想法就更加困难了。让民主党人支持比他们更偏自由派的民主党候选人是一回事，要让他们支持一位共和党人就是另外一回事了，挑战也会更大。

考虑到党派实力，就更是如此了。如果人们对某个问题感情强烈，就会影响他们愿意接收信息的范围。如果人们不在乎某个问题，他们在这个问题上的接受区就更大，拒绝区就更小，也就是说他们愿意接受的观点会很多，拒绝的会很少。

但是，对于那些非常在乎这个问题的人来说，情况则恰恰相反。他们的是非判断标准十分清晰，也就是说他们只会考虑很少一部分观点。他们的接受区很小，拒绝区很大。

这就是为什么改变人们的政治观点十分具有挑战性的一个原因。我们不仅要改变人们的立场，还要让他们转换场地。而且，我们要面对的不是随随便便什么事，而是人们根深蒂固的想法。这就好比让红袜队的球迷为洋基队加油，让爱喝可口可乐的人改喝百事可乐，这可不是什么简单的事情。

* * * * * *

那么，在这种情况下该怎么办呢？只能举手投降了吗？

未必如此，因为那项大选研究给人们一线希望。即使改变看似艰难，只要方法得当，候选人也可以在大选中改变选民的看法。

这种方法就是找到可以拉近的中间区域。

在政治领域，明智的竞选活动不会设法改变所有人的想法，而会把精力放在那些对事实和论点持开放态度的摇摆选民上。这一小部分选民心意未决，他们对候选人、当前情况或问题的看法容易发生摇摆。他们的接受区较大，与候选人的观点多有重叠。

催化剂不会用同样的信息对待每个人。针对不同的目标群体，催化剂会提供与他们相关性最高的特定信息。

　　以2008年美国俄勒冈州的国会参议员竞选为例。当时的竞选双方分别是民主党人杰夫·默克利，以及时任共和党参议员的戈登·史密斯。史密斯是一位颇受欢迎的政治人物，在人们的眼中属于温和派，因此这场竞选将会十分激烈。

　　研究人员很想知道他们能否改变选民的想法，能否让原本打算投票给现任共和党参议员的选民改投那位来自民主党的挑战者。

　　不过，研究人员并没有采用地毯式轰炸的方法，而是努力寻找那些容易改变的人，也就是那些无论出于何种原因都更愿意改变想法的选民。

　　首先，他们要寻找一个切入点，即现任参议员与部分选民步调不一致的问题。

　　研究人员筛选了各种问题，最终选择了堕胎这个问题。美国俄勒冈州的人基本支持堕胎，但现任的共和党参议员却归属反对阵营。而且，来自民主党的这位挑战者是当年全国堕胎法律废除协会支持的少数参议员候选人之一。

　　接下来，研究人员找到支持堕胎的选民，并试图通过这个问题说服他们把票投给民主党的候选人。当年国会参议员选举刚开始的时候，游说组织做了一项大规模调查，确定了支持女性堕胎权的选民。研究人员通过电话和邮件把目标对准了这个群体，他们强调默克利得到了美国计划生育协会和美国堕胎法律废除协会的支持，而他的对手曾在参议院多次投票反对堕胎。

这种方法对所有选民都有效吗？当然不是。堕胎并不是每个人最关心的问题。

此外，如果给所有人发送同样的消息，很容易适得其反。对于那些不关心堕胎的人来说，他们会置若罔闻，而对于反对堕胎的人来说，这样的信息可能会自食其果，让他们更加支持现任的参议员。

但是，这项运动通过找到可以拉近的中间区域，结果改变了近10%的投票，最终挑战者默克利获胜。

* * * * * *

对于人们十分关心的问题，我们可以先找到能够拉近的中间区域，也就是那些根据当前的立场更可能做出改变的人，因为他们的距离并不那么遥远。

要想找到可以拉近的中间区域，一种方法就是寻找行为痕迹，也就是表明观点不一致或有改变意愿的线索。在政治领域，这些人包括反对控制枪支的蓝狗民主党人，还有签署环境改革请愿书的共和党人。在商业领域，这些人则包括那些在社交媒体上抱怨竞争品牌的消费者。

像受众定位这样的高科技方法也很有用。我们可以利用现有客户或支持者的数据来查找具有相似特征和偏好的人，这些人更可能属于感兴趣的人群。

如果尚无可用的数据，也可以进行测试和学习。我们可以选取一部分人作为样本，测试某个特定方法，并记录各个指标的关键特征，以此确定对于这种方法会尤为有效的子群，这样我们就可以在广泛的人群中确定应该关注哪类人。

如果你想推广一种新产品，你用不着告诉所有人这个产品有多好，你可以先找到使用这个产品的刚需群体。风险投资人通常将产品分为"维生素"或"止痛药"，那些值得拥有的产品（例如维生素）可以推迟使用，但对于那些必不可缺的产品（例如止痛药），人们是离不开的。

催化剂不会盯着所有人，而会从寻找那些将产品视为止痛药的人开始，即寻找那些需要这种产品且迫不及待想要购买的潜在用户。

同理，如果你想在开会的时候改变大家的意见，你可以从与你观点相近的人开始。他们不仅更有可能改变想法，而且他们改变想法后更有望成为你的拥护者，并带动其他人改变想法。

从小目标开始

找到可以拉近的中间区域是一个很好的起点，但有时候我们想要改变的人距离很远，这时我们该怎么做呢？

想象一下，你坐在办公室里，手机忽然响了。打电话的人介绍说，他是消费者组织的代表，问你是否愿意参加一项调查。相关工作人员会去你家访问，对你家所有的家用产品进行分类。为了确保获得所有必要的信息，他们不能放过你家里的任何角落，包括所有的橱柜和储物空间，他们都需要翻查。大概会有五六个人到访，大约需要几个小时。他最后继续问你是否自愿参加，换句话说，你是否愿意免费参与。

想一想，你愿意参加吗？

听到如此大胆的要求，你可能很难忍住不笑，并且大部分人都会如此。要有五六个人到家里翻橱柜？门都没有！这是疯了吗？竟然会有这种要求，而且还得是自愿的？还没有任何报酬？绝对没戏。

这样的请求显然属于拒绝区的范围，要求太高，实在让人难以忍受。

　　事实的确如此，当斯坦福大学的两位心理学家让研究人员打电话提出类似的要求时，只有零星的几个人同意了。我们不知道那几个同意的善良人是谁，我们也不知道他们是否清楚自己都同意了什么。但是，绝大多数人都会拒绝，这不足为奇。

　　这两位心理学家对人们每天都会面临的一个问题很感兴趣，这个问题就是如何让人们去做他们不想做的事。

　　正如这两位心理学家所说，要解决这种问题，最常见的方法就是推动。"尽可能对那些不情愿的人施加压力……强迫他们同意"，告诉他们应该怎样做。如果不顺从，就惩罚他们；如果顺从，就给他们好处。推动，推动，推动……直到他们屈服为止。

　　不过，这两位心理学家认为，也许有一些更好的办法。

　　的确，当研究人员打电话给另一拨人时，同意的人数达到了之前的两倍以上。

　　依然是同样的问题，但是这次竟然一半以上的人都同意了。

　　这其中究竟发生了什么呢？

　　这次，心理学家先从一个小目标开始。

　　三天前，研究人员给第二组人打电话的时候，先提了一个无关痛痒的要求。他们向受访者做了同样的自我介绍（他们是消费者组织的代表），但并没有一开始就提出那个让人无法接受的要求（在家里翻来翻去），而是从一个小要求开始，即受访者是否愿意在电话中回答几个关于家用产品的问题。这些问题都很简单，比如他们用什么牌子的清洁剂清洗餐具。

接电话的大多数人都乐于帮忙。虽然回答几个问题并不是他们很喜欢做的事，但也不在拒绝区之内。

几天后，当研究人员再次给他们打电话提出更多的要求时，结果如何呢？结果是这些人答应的可能性提高了。

研究人员发现，先让人们接受那个较小的要求可以改变人们对自己的看法。最初，在电话中回答几个问题可能已经到了人们忍耐的极限，到了人们的接受区的边缘。但是，同意这个小要求改变了他们的立场，改变了他们在"球场"上的位置。正如那两位科学家所说："一旦人们同意了一个要求……在人们的眼中，自己就可能已经成为会做这种事的人了。"

由此可见，让人们答应一个相关的小要求可以朝着正确的方向推动人们，也就是说，原本那个太过苛刻的要求现在可能已经在人们的接受区之内了。

因此，当人们移动自己在"球场"上的位置时，人们的接受区和拒绝区也会随之移动。

* * * * * *

如果你觉得很难改变别人的想法，你可以试着降低要求，而不是索取更多。降低最开始的要求，使其落在人们的接受区之内，这样做不仅可以提高最初的要求的接受率，而且在总体上也会让重大改变成为可能。

医生帮助肥胖人群减肥时，通常会采用这个方法。

戴安娜·普里斯特博士正在帮助一位患有肥胖症的卡车司机减肥。他非常喜欢喝激浪（一种含糖碳酸饮料），这种一升一瓶的饮料很方便带着上路，他每天最多能喝三瓶。

三升激浪？这相当于60多克糖。如果每天都喝这么多，就相当于每个月吃一百多个士力架。

最好的办法是让这位卡车司机完全戒掉碳酸饮料，但普里斯特博士知道，他一定很难听从。于是，她从一个较小的要求开始。

她对卡车司机的要求是：把每天喝的激浪控制在两升之内，也就是两瓶之内，不要喝三瓶；每次停车去休息区的时候，把喝完的瓶子装满水，不够喝的时候就喝水。

起初，这样做很难，但卡车司机最终还是从每天喝三升激浪降到了两升以内。

接下来，普里斯特博士让他减为一升。再次成功后，她才建议他完全戒掉碳酸饮料。这位卡车司机现在偶尔还会喝一罐激浪，但他的体重已经减掉了差不多11千克。

* * * * * *

我们在试图改变别人的想法时，总想得到立竿见影的效果，总想立刻改变别人的想法。比如，我们在不停地寻找可以让某人立刻戒掉碳酸饮料或一夜间改变立场的高招。

但是，如果我们仔细观察这些变化，就会发现它们很少是一蹴而就的。相反，这些变化更多是一个过程，一个缓慢而稳定的变化过程，并且经历多个阶段。

从小目标开始有利于这个过程的实现。比如，普里斯特博士先要求卡车司机少喝一瓶激浪，但她并没有就此停下来。她会将自己最开始的要求放低一些，然后一点点加码。

与其说放低要求，不如说将改变分成几块——将较难接受的要求分成易于管理的小块，并从第一块开始移动，逐渐达成要求。

产品设计师把这种方法称为"铺设垫脚石"。如果优步（Uber）最开始提供的服务就是让用户乘坐陌生人的车，那么这家公司可能永远不会成功。人们会想：坐陌生人的车？从小妈妈就告诉我们不要这样做。

优步起初的要求要低很多。优步最初推出了较容易接受的豪华轿车服务，打出的口号是"您的私人司机"，目的是为用户提供豪华轿车专享服务。在最初的高端定位实现后，优步才转向低端市场，推出了服务更经济实惠的UberX。优步最终的希望是全部转成无人车。

如果优步一开始就要求人们做出巨大改变，它很可能会失败，这是因为它的要求与人们的习惯相去甚远，与大多数消费者心中的想法截然不同。但是，优步通过将改变分为几块，降低了对人们最开始的要求，每次推出新产品和新服务都像铺一块垫脚石，逐渐使消费者远离过去的习惯，转而接受不同的新鲜事物。

因此，让人们蹚过湍急的河流，人们可能会拒绝。人们会想："水太深了，太吓人了，我可能会被河水卷走。"但是，如果沿途铺好垫脚石，人们则会更愿意踏上这一旅程。现在，人们可以从一侧跳往另一侧，而不必担心掉进河里了。④

---

④　我们可以强调人们同意或已经朝着期望的方向前进了，并以此作为起点。有一本关于饮食和锻炼的书就巧妙地运用了这种方法。该书的作者没有开篇就说服人们要变得更健康，而是指出健康已经是人们的所需所想了。"恭喜你！不管你有没有意识到，当你拿起这本书的一刻，你就已经迈出了第一步，开启了你人生中最有意义的旅程。这段旅程有很多个阶段，有的长，有的短，有的简单，有的困难，我希望它会带领你重拾健康、快乐和幸福。"作者指出人们已经起航了，以此鼓励读者，让他们看到自己离最终目标更近了，促使人们坚持到下一段旅程。

转换场地，找到共同点

从小目标开始可以帮助人们缩短距离，铺好垫脚石。这样一来，人们离最终的改变就会越来越近。

但是，如果有人拒不让步，还有一种通常来说很有用的方法，那就是转换场地，找到一个已有共识的地方，并以此作为行动的支点。

* * * * * *

想一想，如何才能帮助人们减少偏见呢？

戴夫·弗莱舍自六岁起就一直在问自己这个问题。他在美国俄亥俄州的奇利科西长大，他的家是那里唯一的一户犹太家庭。更复杂的是，戴夫是同性恋。他说："我要是想找人聊聊，那也只有我的父母了。"

戴夫现在六十多岁了，他一直都致力于帮助人们减少偏见。他作为局外人的亲身体验引导他走向了社区组织的工作，并为各种政治运动游说拉票。

2008年11月，戴夫还没起床就接到了一个电话。

当时，美国加州8号提案正在接受投票，这项提案的目的是禁止同性婚姻。考虑到加州的自由主义倾向，民意调查显示这项提案将会一败涂地，支持同性恋、双性恋及跨性别者（"LGBT人群"）的一方将会获胜。

但是，出乎意料的是，这项提案竟然通过了。

这对社区来说是一个巨大的打击。人们十分震惊，义愤填膺。人们不知道该如何面对这种情况，不知道下一步该怎么做。

戴夫在试图弄清失败的原因时，想到了一个主意——与其假想为什么会有人投反对票，不如直接去问当事人。他们可以前往遭遇滑铁卢的社区，找出投反对票的人们，问他们为什么这样做。

戴夫及其团队与洛杉矶LGBT中心合作，来到他们遭遇失败的县城中心。这些地方的人们坚决反对同性婚姻，十分厌恶同性恋。游说拉票的工作人员敲开美国加州8号提案支持者的房门，与他们交谈，并了解他们的想法。

通常来说，游说都有精心设计的话术。政治顾问往往会设计一个方案，而游说者的工作就是传达信息。他们会逐字逐句地说出事实和数字，说服人们支持他们的观点。这种对话往往是单向的，对方经常会有一种受逼迫的感觉，所以这其实算不上对话，而更像授课。所以，被说服者往往会赶紧结束谈话，这也在意料之中。

而戴夫的团队却没有只顾着说服，而是选择倾听。他们没有照本宣科，只是问人们为什么会这样做。

戴夫及其团队与1.5万多人进行了一对一的交谈，他们的收获远超预期。他们不仅了解了人们对同性婚姻的偏见，而且想到了如何改变人们的心意。他们一共研究了74种不同的话术，最终确定了一个他们都喜欢的版本。他们将这种新的方法称作"深度游说"。

* * * * * *

没有什么比偏见更能阻碍改变的发生。美国《民权法》禁止基于种族、性别或民族血统的歧视，但该法案颁布五十多年后，偏见依然存在。超过一半的美国人对黑人持有偏见，三分之一的美国人反对同性婚姻。就在过去几年，耶鲁大学的一名学生在宿舍的公共休息室里看到一名非裔美国学生在睡觉，就立刻打电话报了警；美国海关及边境保卫局的特工发现两名妇女在蒙大拿的一处加油站说西班牙语，就拘捕了她们。

这其中的挑战在于，人们的偏见已经根深蒂固了。孩子们从父母、宗教或其他社会关系中继承了一定的观点，这些观点构成了他们的世界观的一部分。

因此，当戴夫给一位杰出的政治学家看深度游说的视频时，这位政治学家并不相信这种方法能够改变人们的想法，这是不足为怪的。他说："我没有理由认为你可以成功，因为没有先例。"

　　为了进行更严格的测试，2015年6月，戴夫在美国佛罗里达州做了一项试验。几个月前，该州的迈阿密-戴德县通过了一项保护跨性别者不受歧视的法令。洛杉矶LGBT中心的工作人员和志愿者担心这项法令会引发人们的强烈反对，便与当地组织合作，开始上门访问。50多位游说者与当地500多人进行了交谈。

　　他们之间的交谈并不顺利，甚至可以说群情激愤。反对这项法令的人并非不经意地反对，而是强烈地反对，这与他们的宗教、文化和成长环境密不可分。他们可不是容易改变的群体。

　　但是，当研究人员将结果制成表格时，他们有了一个惊人的发现，那就是这个十分钟的深度游说提高了人们的接受度，人们对跨性别者的看法变得更为正面，人们更加支持保护跨性别者免受歧视的法律。

　　而且，这种效果不是短暂的。在游说者来访几个月后，这种效果依然存在，甚至抵挡住了来自反对派的攻击性广告。

　　就一个有争议的话题而言，一次对话就可以持久地改变人们的观念，这真是振奋人心的事情，甚至可以说太神奇了。接下来，我们就来研究一个更为重要的问题：为什么这些对话如此有效？

＊　＊　＊　＊　＊　＊

　　传统的游说者就像邮递员一样，扔下信息，然后前往下一家。他们都希望尽快完成任务。

从对游说者的培训中就可以看出这一点。通常，一组学员会被分成两半，站成两排，然后两两配对，一个人假装是游说者，另一个人假装是被游说者。然后看看谁会胜出，谁是说话最简短的游说者。

而深度游说需要较长的时间，深度游说的目的是让人们说出心里话。针对一个复杂且带有感情色彩的问题进行一次坦率的对话，几分钟肯定是不够的。

戴夫的团队愿意花时间与人们建立联系。他们让这些人知道，自己想说什么就可以说什么，不用管工作人员喜欢还是不喜欢。

让我们回到本章开头，这就是为什么弗吉尼娅没有因为与古斯塔沃的不快交谈而生气，她没有离开，也没有在古斯塔沃公然使用蔑视性词语时与之对峙。

"我们南美洲人不喜欢×××。"古斯塔沃当时用了一个明显具有蔑视性的词语来形容跨性别者。

弗吉尼娅听后没有抬高自己的声调。

她礼貌地问道："您是指跨性别者吗？"

"你是谁就是谁，你出生时是什么样，你就应该是什么样……不要想着变成其他样子。"古斯塔沃解释说。

"我也是这样想的，所以我一直是跨性别者。"弗吉尼娅带着积极乐观的口吻说。

"你是跨性别者？"古斯塔沃说，"哦，我的天哪！"

弗吉尼娅没有责备古斯塔沃，而是开始讲述自己的故事。古斯塔沃很感兴趣，他问弗吉尼娅是什么促使她做出这个决定的。弗吉尼娅解释说，这不是一个选择或一个决定，她生来就是跨性别者。接下来，他们开始了真正的交谈。

弗吉尼娅讲了她多么爱自己的伴侣，古斯塔沃也由此谈到了自己的爱人。他说，他的妻子身患残疾，自己洗澡和吃饭都成问题，他会满足她的一切所需。古斯塔沃解释说："即使我的妻子身有缺陷，我也爱她，归根结底爱才是最重要的。"

弗吉尼娅回答说："我也深有同感。对我来说，这些法律，包括支持跨性别者，都与爱有关，与我们如何彼此相处有关。"

至此，他们已经建立了更深层次的关系，弗吉尼娅又回到了之前那个浴室的问题。弗吉尼娅问古斯塔沃，如果他和一个跨性别者同在一个浴室中，他觉得最糟糕的是什么。古斯塔沃耸了耸肩说，其实也没什么大不了的。

"你会害怕吗？"弗吉尼娅问。

"不会。"古斯塔沃爽快地表示自己没有什么担忧。

弗吉尼娅已经把浴室那个问题从假想的恐惧转移到了现实之中。

"听我说，我之前可能想错了。"古斯塔沃这样评价自己之前对跨性别者权利的立场。

"你会投票赞成禁止歧视跨性别者吗？"弗吉尼娅问。

"赞成。"古斯塔沃回答说。

弗吉尼娅就这样成功地转换了场地，因为她找到了他们之间的一个共同点。

* * * * *

一般来说，如果人们想接纳别人的观点，人们通常要站在对方的角度思考。人们需要跳出自己的思维框架，透过别人的眼睛看一看。

这种方法可以让我们很容易想象对方是怎么认为的。假设你是一名高中生，你需要站在一名后进生的角度帮助他取得进步。如果你自己曾在学习上遇到过挑战，那么这种经历会很有用。你可以回想自己当初学微积分时有多么头疼，然后记住这种感受，以此来理解自己的同伴并帮助他解决问题。但是，如果你一直是一名优等生，你该怎么办？你会发现自己很难站在对方的角度思考问题，因为你学习一直很好，很难想象学习上遇到困难会是什么样。也就是说，在这种情况下，换位思考就无法帮助你了解对方的心理感受并帮助他解决问题。

为了避免这种问题，深度游说不会逼迫人们换位思考，而是鼓励人们在自己的经历中寻找类似的场景，回想一段类似的感受。

优等生可能很难理解在学习上遇到困难是什么样子，但他肯定在生活中的某个时刻遇到过难题。优等生可以想一想自己在运动、与朋友相处或其他方面碰壁时的感受，这将有助于他更好地了解后进生的感受。

深度游说就采用这种方法来减少人们的偏见，因为人们很难想象别人的生活是什么样的，尤其当对方的种族、性别取向与你不同时。

你可以让大多数45岁的白人想象一下受到歧视是什么感觉，但他们可能不会真的想象出来。即使他们可以尝试站在受歧视者的角度思考，他们可能也从未想过服务员是因为种族问题对他们不礼貌，或因为性别问题错失了升职的机会而显得有些情绪激动。

因此，游说者没有让人们想象成为跨性别者是什么感受，而是让他们在自己的生活中寻找类似的经历和感受，比如弗吉尼娅通过古斯塔沃对残障妻子的爱让他知道她对自己的伴侣也是这种感觉。有的游说者还会让人们想一想他们有没有因为与众不同而遭受过负面评价，一旦人们开始讲述自己的故事，游说者就会以此为窗口，让人们看到自己的经历和感受与跨性别者何其相似。

有一位退伍军人谈到，很多公司都因为他患有创伤后应激障碍而不想聘用他。这只是他的一个侧面，但潜在的雇主却看不到他的任何优点。这个故事与跨性别者无关，但有助于他理解跨性别者受到的歧视，有助于他与这一群体建立联系。

* * * * * *

深度游说之所以有用，是因为它可以帮助人们转换场地。深度游说不是从有争议的问题或与人们相距遥远的问题入手，而是找到与人们的紧密相连之处，找到人们同意而非反对的地方，也就是共同点。

深度游说关心的是爱和逆境，关心的是人们被关爱或被排斥的感觉，或因为与众不同而被否定或歧视的感觉。它强调的是任何人都可以理解的东西，而不管人们对这个特定问题的看法如何。

深度游说不会从一个看似分裂的棘手问题（分歧点）入手，而会从共同点开始，从可以把对话双方团结起来的地方开始。

只有在建立了这种联系之后，游说者最终才会回过头来转向他们本来要游说的问题。[5]他们会转换场地，将双方各占一端变为所有人都在一个阵营。

谁会否定爱的意义与重要性呢？谁会拒绝减少不幸并帮助我们关心的人呢？

---

[5] 你可能会觉得这听起来有点耳熟，没错，人质谈判专家经常使用的阶梯模型与深度游说有很多共同点。人质谈判专家不会一上来就说服对方，而会从其他方面着手，先建立信任和理解。但是，深度游说并不只从理解入手，它会找到一个双方可以达成共识的共同点，然后以此为基础转换场地，将看似不相关的两个问题联系到一起。

正如戴夫所说："当我成为最好的自己时，我知道自己是什么样子。当我成为最糟糕的自己时，我也知道自己是什么样子。如果别人帮我成为最好的自己，我会心怀感激。我们敲开人们的门时，做的就是这件事。我们其实是在说：'嘿，我看见你了，我看到了最好的你。'你也是这样看的吗？你也想成为这样吗？如果是的话，你会在下次投票时表现出来吗？"

* * * * * *

深度游说起到的效果并不小，它的影响其实很大。尽管对话不长，但它的影响不仅限于1998年到2012年近15年间美国民众对跨性别者态度的变化。

不过，最有趣的还是改变想法的人是谁。

这些人可以是能被拉近的中间派、略有改变的民主党人，或是已经支持跨性别者权利的人。不管人们的政治派别或先前的信仰如何，深度游说都同样有效，它甚至可以说服那些对跨性别者权利持反对意见的人投出赞成票。

你的老板会因为花费太高而不支持你的方案吗？你的同事会觉得公司太软弱而不认同公司的文化吗？面对这些问题，催化剂会转换场地，找到共同点。

与其在一条受阻的道路上不停推进，莫不如在人们不那么固执己见的方向上探索一番。一个人从某个方面看是你的对立方，但那可能仅仅是他的一个侧面。我们可以从共同点开始，比如确保公司持续增长或提高员工留任率，以这些达成共识的方面（共同点）为起点，一步步达到预期的结果。

* * * * * *

距离是阻碍改变的第三个主要障碍。心理抗拒强调，人们在感到有人试图说服他们时，会反其道而行之。但是，即使只提供信息，距离也很重要。如果你所提供的信息与人们目前的立场相距太远，那么他们就可能停留在拒绝区而对这些信息置之不理。

要催生变化，我们首先要找到可以拉近的中间区域。对这部分人来讲，所需的改变不是很大，而且他们有助于我们说服其他人。如果要改变相距较远的人，我们则需要从小目标开始，就像普里斯特博士所做的那样，将需要完成的重大改变先分解为易于管理的小块，也就是铺设垫脚石。从小目标开始，一点点提高要求，有利于实现最终的重大改变。最后，正如戴夫·弗莱舍提出的深度游说一样，我们需要找到共同点，即从已有共识的地方开始，以此为起点转换场地，把相似的场景联系起来，改变对方看待问题的角度。

这样，人们也许就会改变。

■ 案例分析

如何改变投票人的想法

如何让一位矢志不渝的民主党投票给共和党？如何让一位坚定的保守派变成自由派？

* * * * * *

到目前为止，我们已经看了几个例子，比如让保守派支持跨性别者的权利，鼓励禁酒令的支持者考虑放宽对酒的限制，这些例子都说明缩短距离可以推动政治变革。

但是，有人可能会说，这些例子的尺度都很小。改变人们在某个问题（比如禁酒令）上的观点是一回事，从整体上改变人们的政治信仰（比如改换党派）则是另外一回事了。

当然，也有一些关于改换党派的家喻户晓的例子。美国前总统罗纳德·里根本来是民主党人，甚至是工会领袖，但在1962年变成了共和党人。美国参议员伊丽莎白·沃伦一直是顽固的保守派，但如今却是进步的民主党人。

那么，要如何改变寻常人的政治信仰呢？有可能改变投票人的想法吗？如果可以，要怎么做呢？

右翼变左翼

西尔维娅·布兰斯科姆出生于20世纪70年代中期，在美国俄克拉荷马州的伊尼德长大。这个小镇坐落在大平原的东部边缘，正好位于美国的中心地带，被称为俄克拉荷马州的"小麦之都"。这里的居民绝大多数是白人，他们都敬畏上帝，并以此为豪。西尔维娅四岁的时候，父母离异，从那时起她就开始去浸信会教堂做礼拜了。

西尔维娅的母亲后来再婚，她的继父非常和蔼。他是个顾家的男人，对待她就像对待自己的亲生骨肉一样。他给西尔维娅讲关于汽车的知识，还教她如何在家维修汽车。

不过，在政治上，她的继父属于极右派。他曾是国民警卫队的一员，极为支持公民携带武器的权利。他认为人要努力工作，不能接受别人的施舍。他反对堕胎，并认为女性不应该担任领袖。

西尔维娅长大后，她身边的所有人都喜欢罗纳德·里根，西尔维娅也是。当西尔维娅终于达到年龄可以投票时，她投出了支持共和党全部候选人的清一色选票。

与此同时，西尔维娅的个人生活也一直在快速地变化着。她像小镇上的其他女性一样，中学毕业后就结婚了。她21岁怀孕，每个周日都会和丈夫一起去教堂。

西尔维娅的丈夫是一家之主，负责养家糊口。西尔维娅则待在家里照顾孩子。她心里认为，妻子就应该服从丈夫，也大声地表达过这样的想法。后来，她的丈夫大学毕业，获得了石油工程硕士学位，一家人搬到了阿拉斯加。

一直以来，西尔维娅都很想回学校读书。她热爱学习，甚至曾在一所大专院校攻读文科学位，不过因为怀孕而中途放弃了。搬到阿拉斯加重新燃起了她的兴趣，她在阿拉斯加大学报了两门一学期的课程。

阿拉斯加大学有两位对她颇有影响的教授，他们影响了西尔维娅根深蒂固的想法。

其中一位是她辩论课的教授。他说，世界上没有普世真理。她反驳说，上帝就是普世真理。后来，全班就美国宪法第二修正案中的持枪权进行了辩论。在西尔维娅看来，这场辩论很容易获胜，她满怀热情地自愿为其辩护。但是，她彻彻底底地被打败了。她的对手参加过全国辩论比赛，全美排名第四。西尔维娅从未听过这位同学提出的那些观点。回到家后，西尔维娅的家人也有意回避她的问题。

还有一位对她颇有影响的教授教的是西方文明。西尔维娅从小到大所受的教育都告诉她，不信基督的人要么没有听过福音，要么是毒贩或罪犯。这位教授却是个反例，他不是基督徒，但他很善良，是个好公民。而且，他比她见过的任何人都更了解《圣经》，比她老家俄克拉荷马州的所有基督徒都更熟悉《圣经》。他给全班同学讲的有关基督教的东西，与她在家里学到的大不相同。

两位教授都没有试图说服西尔维娅让她相信自己的观念是错误的，没有劝她相信他们说的才是对的，也没有告诉她该怎么做或该怎么想。他们只是让她看到了另外一条路，另外一种途径。

尤其是教西方文明的那位教授，他与西尔维娅有很大的相似之处，属于她的接受区，但又有所不同，足以鼓励她做出改变。他对《圣经》了如指掌，但看待《圣经》的角度却不同。

西尔维娅是共和党的支持者，也是虔诚的基督徒，但她开始疑惑并纠结于自己一直以来认为理所当然的信念。

后来，她的丈夫被调去了苏格兰，一家人也跟了过去。虽然西尔维娅因此无法完成学业，却看到了一个她从未见过的世界。

西尔维娅在英国见到了很多与她的宗教信仰完全不同的人。随着眼界的拓宽，她的想法也开始转变。

在她看来，事物的界限似乎没有那么清晰了。突然之间，她以前笃信的宗教信仰，或是曾经认为正确的答案，现在看起来都没有那么明确了。

西尔维娅回到美国时，她看待事物的角度发生了变化。她对政府不把教育放在首要位置表示震惊。她曾经是个狂热的球迷，但现在看到政府把钱都花在了体育运动而非教育上，她觉得无法接受。美国俄克拉荷马州的教师年薪不到4万美元，因此他们不得不进行罢工，而当地的中学却花40万美元修葺橄榄球场。

她发现美国竟然有那么多枪击暴力事件，种族主义也无处不在，特别是在刑事司法系统内。在英国诞下女儿后，她对美国医疗保健措施的匮乏感到震惊。她甚至觉得教堂的讲道也不怎么对劲，里面讲到的爱与友善似乎仅限于同一信仰的人。

最终，西尔维娅用了将近十年的时间才做出改变。1992年，她曾投票支持共和党人乔治·W.布什，1996年依旧投给了共和党人鲍勃·多尔。最后，她觉得共和党不再能代表她的价值观，因为共和党人关心信仰，却不在乎她所关心的弱势群体和边缘人群。

2000年，她把票投给了民主党候选人阿尔·戈尔。

如今，西尔维娅认为自己是民主党人，她坚信种族平等和性别平等。她认为，如果每个人都能得到照顾，社会将变得更好。

看到美国现在如此分裂，她很难过。她没有像许多民主党人那样对共和党人怒不可遏，她相信大多数共和党支持者的初衷都是好的，但是她很讨厌大多数共和党政客利用民众的恐惧来获选。美国农村大多以教会和家庭为重，有时人们似乎忘记了自己属于一个大家庭，大家值得彼此照顾。

左翼变右翼

迭戈·马丁内斯在美国加利福尼亚州的中央山谷长大，确切地说，是在莫德斯托。这座以蓝领阶层为主的城市位于旧金山以东约145千米处，是世界上最大的酿酒厂所在地。城市周边土壤肥沃，农田里种着杏树、核桃树和其他农作物。这里超过三分之一的居民是西班牙裔或拉美裔。虽然不像美国加利福尼亚州其他地区那么崇尚自由主义，莫德斯托的大多数人仍属于自由派，而非保守派。迭戈的父母是墨西哥移民，迭戈最开始在莫德斯托初级学院读书，后转入圣地亚哥州立大学。

迭戈第一次办理选民登记手续时，像他的许多朋友一样，登记为民主党人。民主党关心的话题包括婚姻平等、帮助穷人、避免对外战争，他们似乎对移民也更加友好。这些对迭戈来说都很重要，他一次又一次地投票给民主党，比如2008年和2012年他投票给奥巴马，2016年投票给希拉里。

但是，在2016年底的时候，迭戈却因民主党所代表的价值观而困扰。他觉得奥巴马对有关男女薪酬差距的评论令人担忧。迭戈认同男女薪酬存在差距，却不认同奥巴马列出的原因。看到奥巴马成为社会正义的战士，他深感忧虑。

迭戈还不喜欢自己认识的民主党人的行为举止。他当时住在纽约市，看到越来越多的民主党朋友一副自命清高的样子，仿佛他们无所不知，仿佛他们的政党就能比其他人更好地解决所有问题。

但是，最令迭戈困扰的还是缺乏公开的言论。在他的朋友和同龄人中，如果你并非完全同意自由民主党的共识，那么你肯定是种族主义者或偏执狂之类的。民主党似乎与现实世界脱了节。

迭戈觉得有种被逼迫的感觉，他并不喜欢这种感觉。于是，他开始放宽自己的眼界，他开始听乔丹·彼得森的演讲。彼得森是多伦多大学的心理学教授，他对政治正确持强烈的批评态度。

他还开始关注保守派政治评论员本·夏皮罗，夏皮罗曾撰文批评美国大学如何给青年灌输思想。此外，他还注意到纳西姆·塔勒布的作品。这一切都在他的接受区之内，却慢慢地将他拉向了"球场"的另一边。

迭戈发现他们的观点都很令人信服，他们是他所知道的最聪明的人。他觉得这些人在言论自由、责任、自我实现和历史等方面的看法很有道理，他的思想也逐渐受到了影响。

塔勒布的作品尤为突出，他笔下的文字恰好描述了迭戈对他那些民主党朋友的感觉：他们为种族平等大声疾呼，却从未与来自俄罗斯的出租车司机喝上一杯；他们大谈特谈很多抽象的崇高理想，却从未真正付诸实践。

在迭戈的眼中，民主党人，尤其是他那些信奉自由的同龄人，只专注于多元化和平等之类的事情，却忽视了诸如经济和国家安全等更重要、更现实的问题。令他震惊的是，他那些高举自由主义旗帜的朋友虽然用科学证据说明气候变化的存在，但碰到男性和女性从生物学上讲就是不同这一说法，他们却立刻加以反驳。

迭戈开始慢慢地被吸引到更为保守的一方。2017年夏天，迭戈正式成为共和党人。

迭戈并不认为他的共和党或保守派朋友万事都对，他也不喜欢看到特朗普赢得了选举。但是，看到这么多自由派人士说他们对特朗普获胜而感到震惊，迭戈还是觉得有点忍受不了，因为他认为自由派更喜欢宣扬自己的美德，而不是倾尽全力解决实际问题。

迭戈很看重共和党人所鼓励的言论自由。尽管他因为意识形态的差别而失去了左翼朋友，但从来没有哪位右翼朋友因为意见分歧而称他为种族主义者。

* * * * * *

西尔维娅和迭戈的故事看似截然相反，一位是来自美国内陆的白人妇女，她从右翼变为了左翼，一位是来自美国西海岸的西班牙裔男子，他从左翼变为了右翼。

不过，虽然他们前进的方向相反，实际上却有很多共同点，而这不仅仅包括他们都在农业发达的地区长大。

在这两个案例中，我们可以看到分别有几个关键人物在改变主人公的想法上起到了推动的作用。他们没有告诉主人公该怎么做，也没有不断地推动其做出改变。他们主要做的就是帮助主人公化解心理抗拒，鼓励自主性，引导或铺设其前行的道路，使之睁开双眼接触新的信息和想法。大学教授和公知当然起到了这样的作用，但还有主人公在日常生活中结识的普通朋友。

此外，与大多数重大改变一样，西尔维娅和迭戈并没有立刻做出改变，而是经历了数年，并且这些改变是一步一步地发生的，是一个缓慢而逐步的变化过程。

在西尔维娅和迭戈的生活中扮演催化剂角色的人，就这样从共同点出发，一点点地改变了他们的观念。

* * * * * *

除距离外，还有一个障碍需要我们努力消除，那就是不确定性。

04

不确定性
Uncertainty

- ◆ 不确定性税

- ◆ 按下暂停按钮

- ◆ 可试性

- ◆ 采用免费增值模式

- ◆ 减少预付费用

- ◆ 提高可视性

- ◆ 提供反悔的机会

- ◆ 利用惯性

- ◆ 试用的门槛越低，购买的可能性越高

- ◆ 案例分析 如何改变老板的想法

1998年，美国职业棒球小联盟的售票员尼克·斯温默在旧金山的一家购物中心转来转去。他在找一双鞋，但不是随随便便的一双鞋，而是品牌"云中漫步"的一款靴子。

有一家店里有这款鞋，但没有他想要的颜色。另一家店的颜色倒是齐全，却没有他穿的号。一个小时后，尼克还在挨家店寻找，但毫无所获。他把所有店铺都找了一遍，最后空手而归，非常沮丧。他心想，肯定有更好的办法可以找到心仪的鞋子。

当时，互联网的浪潮已经席卷了旧金山湾区。尼克认为，在网上开一家鞋店应该是个不错的主意，可以把人们想要的鞋都集中在一个易于搜索的网站上，并且涵盖各种品牌、款式、大小和颜色。他筹集了部分资金，搭建了一个基本的网站——Shoesite.com网站就此诞生了。

但是，经营网店并不是一件容易的事。没过几个月，Shoesite.com网站就没钱了。第一轮融资筹集的钱已经用完，第二轮融资也遇到了麻烦。网站销售低迷，不足以吸引更大的风投公司。

简而言之，风险投资人不想给一家卖鞋的网店投钱。几乎每家风投机构的回应都一样：谁会在网上买鞋?

Shoesite.com网站唯一的优势就是没有任何竞争对手，因为大家都认为开这种网店并非明智之举。

* * * * * *

如今，网购已经十分普遍，不管什么东西，都可以在网上购买。买鞋子和衣服自不必说，人们还可以在网上办理抵押贷款，享受在线医疗服务，买车，甚至买宠物，用手机软件寻找约会对象，很难想象有什么事不能在网上完成。

但是，罗马不是一天建成的。尽管现在网购无处不在，让人以为网购是直线上升的趋势，但事实远非如此。

实际上，20世纪90年代末及21世纪的最初几年，电子商务一直在困境中挣扎。尽管经历了大肆炒作及新兴事物所带来的兴奋，网络销售却仅占总销售额的一小部分。在售出的每一百元商品或服务中，在网上完成的还不到五分钱。那时的大多数电子商务实际上是B2B业务，也就是企业对企业的销售。

曾经把广告做到"超级碗"上的Pets.com网站以倒闭告终。曾经估值十亿美元的杂货电商Webvan在18个月后便申请破产。在2000年10月和11月共六周的时间里，电商的关门速度大约为一天一家。

甚至亚马逊也在走下坡路。1999年第四季度，亚马逊共亏损了3.23亿美元。截至2000年末，亚马逊的股价从最高点下跌了83%以上。

问题在于人们已经习惯了在实体店购物。人们想买东西时会开车去最近的商店，然后从货架上挑选自己想要的东西。

这可能不是最好的购物方式，也不是最高效的购物方式，但这是一种习惯，一种既熟悉又安全的习惯。

要想让Shoesite.com网站获得成功，尼克需要改变消费者的行为。他需要帮助人们克服一种障碍，那就是"不确定性税"。

不确定性税

几年前，我需要暂别一下寒冷的冬天。那年冬天，我所在的城市遭受了极地涡旋的冲击，天寒地冻，我认为是时候给自己放个假了。

迈阿密看起来是个很好的去处。虽然时值2月，那里的温度也有20多度，阳光充足，还有美丽的海滩和诱人的美食。我要做的就是选一家酒店。

我在各大网站上搜索了一番，最后将选择范围缩小到两家酒店。这两家酒店都有海景房，价格差不多，而且都有阳台。

唯一的区别在于房间的新旧程度。酒店A在一二十年前做过翻修，房间中规中矩，没有什么惊艳的地方，但也并不糟糕。酒店B最近翻新了部分房间。有些房间经过了全新改建，可以说是完美无瑕的。这些被翻新的房间看起来很漂亮，配有高端的家具和崭新的地毯，但是剩余的房间已经很久没有翻新了，看起来昏暗脏乱，家具也陈旧过时。

如果能在酒店B订到那种上好的房间，我就不用纠结了。但是，当我打电话给酒店时，服务人员说，能否入住好房间取决于这些房间的客人何时退房。他们可以记下我的要求，但不能做出任何保证。

我必须自己做出选择，是订酒店A那种还算可以的房间，还是在酒店B上赌一把。对于酒店B，我也许能住上好房间，也许会碰上更差的房间。

如果你是我，你会怎么做？你会选择万无一失的选项，还是会为了可能住上更好的房间而冒一次险？

* * * * * *

关于这个问题，科学家并没有做过试验，但他们针对类似的问题做过数十次甚至数百次试验。他们想知道，如果让人们在确定的好事与不确定但可能更好的事情之间做出选择，人们会怎么选。

举个例子，想一想你会选择确定能得到30美元，还是选择打个赌，有80%的概率可以得到45美元，但有20%的概率一分不得。

与我选酒店那件事不同的是，在这个例子中你可以轻松地计算出"正确"答案，或者说计算出一个理性的人应该怎么做。如果选择打赌，预期收益会更高。如果打10次赌，应该有8次可以获得45美元，有两次什么都得不到，但大多数时候得到的钱都超过了肯定能得到的30美元。

即使把那两次一无所获的情况考虑进来，从预期来看，打赌仍是一个更好的选择。这是因为，打10次赌，预计可以得到 $8 \times 45 = 360$ 美元，而如果选择确定得到30美元，则总共只能得到 $10 \times 30 = 300$ 美元。

想一想，你会选择稳妥地拿30美元，还是选择打赌？

如果你和大多数人一样，你就很可能会选择确定的事，即你会选择板上钉钉的30美元。即使它的预期值较低，拿到的钱更少，你一般也会这么选择。

为什么呢？因为人们厌恶风险。人们希望知道自己会得到什么，只要得到的是好处，人们就倾向于选择确定的事物，而不愿去选择冒险，即使有风险的选择最终的结果会更好。[1]

再回到前面的例子。能入住焕然一新的房间再好不过了，这会让我的假期锦上添花。但是，如果我最终住进了破旧的房间，那多让人沮丧啊！虽然碰到这种情况的概率较低，但我值得冒险一试吗？

---

[1]　风险规避在获得收益或获得好处方面表现尤其明显。不过，如果涉及损失，人们实际上就会寻求风险。如果有两种选择，一是确定损失少量的钱，二是打个赌，但可能会损失更多的钱，当然也有可能一分钱都不损失，那么人们更愿意选择打赌。

这种对不确定事物价值的低估被称为"不确定性税"。在确定性和不确定性之间进行选择时，不确定性的筹码必须高出很多才会被选择。比如，新装修的房间必须好得多，赌注的预期值必须高得多，这样才会有人选择。

同时，不确定性税要比想象的高很多。

* * * * * *

21世纪初，芝加哥大学的三位研究人员问了受试者一个问题，即他们愿意花多少钱购买一张价值50美元的礼品卡。这张礼品卡可以在当地的一家商店使用，限期两周。

受试者思考过后，给出了报价。平均而言，他们愿意支付26美元。有些人不在那家商店买东西，还有些人担心两周很快就会过去，因为种种原因，他们对礼品卡的估值大约为实际价值的一半。

还有一组受试者被问到的问题是他们愿意花多少钱购买价值100元的礼品卡，结果也是类似的。平均而言，人们愿意支付大约45美元购买礼品卡。有的人出价高些，有的人出价低些，但因为上述种种原因，他们的出价同样大约是实际价值的一半。

这一组的结果也没有什么令人惊奇的地方。

不过，研究人员在问第三组受试者时，引入了不确定性因素。研究人员这次提供的是一张彩票，购买彩票的人有50%的概率会赢得价值50美元的礼品卡，有50%的概率会赢得价值100美元的礼品卡。这次，受试者愿意花多少钱来买这张彩票呢？

在给出答案之前，我们先思考一个更简单的问题。以价值50美元的礼品卡为基础，人们应该愿意花多少钱买这张彩票呢？人们的报价应该高于50美元，低于50美元，还是正好50美元呢？

就有风险的事情而言，人们的估值本应介于最佳结果和最坏结果之间。

以二手车的销售为例。某辆二手车的市场价格为1万美元，但这辆车可能需要换一条新的同步带。如果换的话，维修费用为1000美元。因此，大多数人会认为这辆车的价值在9000美元到10000美元之间，也就是在换同步带和不换同步带的价值之间。

你也许会取平均值，认为这辆车值9500美元。如果你觉得确实需要换同步带，你可能会再压低一点价钱（比如9250美元）。不管怎么样，你认为这辆二手车的价值都应该在9000美元到10000美元之间，也就是说介于最佳结果和最坏结果之间。

关于购买彩票赢得礼品卡的逻辑也是一样。虽然人们还不清楚购买彩票能得到50美元的礼品卡还是100美元的礼品卡，但最坏的情况也是得到50美元的礼品卡。因此，人们至少应该愿意出50美元购买彩票，即使高也不会高出太多。

但是，实际结果并非如此。

研究人员分析数据时发现，结果恰恰相反。人们并不愿意为购买彩票支付高出50美元的价钱，一点儿都不愿意。人们甚至连付50美元都觉得多。实际上，尽管人们愿意出26美元购买价值50美元的礼品卡，出45美元购买100美元的礼品卡，但人们只愿意出16美元购买彩票，这比最坏的结果甚至还要低近50%。

原因何在呢？因为不确定性税。买礼品卡时，人们确切地知道自己将会得到什么。人们愿意出一定的钱兑换一张具有一定价值的礼品卡。但是，买彩票就没有这种确定性了。人们不知道购买彩票的结果如何，即使两个结果都不错，但不确定性的代价很高，因此人们降低了对彩票的估值。

* * * * * *

改变几乎总会带有某种程度的不确定性。比如：在网上买鞋好吗？会节省时间和精力，还是会带来更大的麻烦？鞋子大小会合适吗？自己会喜欢它吗？这些都很难确定。

人们不喜欢不确定性。这种不喜欢可不是一点点，这不像人们对恶劣天气和变质牛奶等东西的不喜欢，人们真的很讨厌不确定性，讨厌的程度如此之深，甚至产生了实际的代价。

不确定性甚至比确定的负面结果还要糟糕。知道自己开会要迟到肯定会让自己不高兴，但是不知道自己能否准时赶到会场往往会让自己感觉更糟糕。遭到解雇不是什么好事，但不知道自己是不是要被解雇的感觉更糟糕。

因此，如果改变涉及的不确定性越大，人们想要改变的兴趣就越小。人们对新产品、新服务或新想法越不确定，人们对其的估值就越低，就像礼品卡和彩票那个例子一样。

再比如：既然不知道草坪养护公司能不能修复院子里草坪上的那些褐色斑点，那就暂且不理吧；既然不知道管理层会不会奖励"跳出传统思维"的员工，那就不妨按兵不动，继续遵循以往的方式做事。

不确定性会破坏另辟蹊径的价值，降低人们做出改变的可能性。

如果降低新事物的价值还不够，那么不确定性还会造成另外一个障碍——叫停决策过程。

按下暂停按钮

在一项著名的研究中，研究人员让斯坦福大学的学生想象一下自己刚参加完一项很难的资格考试。

* * * * * *

整个学期结束了，你觉得疲惫不堪，好在自己通过了考试。你现在有机会以极低的价格买到夏威夷圣诞5日游的套票，包含的项目十分吸引人，特惠明天截止。下面有几种选择，你会选哪一个？

（a）购买套票；

（b）不买套票；

（c）预付5美元，特惠可以延长至后天，但预付款不可退还。

* * * * * *

前两个选项很简单，就是买还是不买的问题。第三个选项则涉及推迟选择的问题，即不采取行动，暂停判断，将来再进行选择。

大多数学生表示他们会购买套票，只有少数学生选择不买或推迟选择。

以上为参加这项著名的研究的第一组学生的情况。

第二组学生面临的问题十分类似，只有一点不同，那就是他们没有通过考试。假期过后几个月，他们还要再次参加考试。

尽管这组学生是"失败者"，没有通过考试，但他们面临的选择与通过的人几乎一模一样。第二组的大多数学生都表示他们会购买套票。

考试不及格，那么度假就成了安慰奖，学生们希望找个机会休息一下，养精蓄锐，等着再次参加考试。

以上两种情况原因不同，但学生们最终的选择是一样的。

还有第三组学生，他们不知道自己有没有通过考试，而是被告知考试结果仍然悬而未决，也就是说，考试结果还不确定。而且，和没有通过考试的学生一样，如果他们最后没有通过考试，几个月后他们必须重新参加考试。

就是这种不确定性的增加改变了学生们的选择。大多数学生没有选择购买套票，而是决定推迟选择，等考试结果确定后再说。他们决定按兵不动，而非采取行动。

由此可见，不确定性就像一个暂停按钮，它会叫停行动，让人们原地不动。

所以说，虽然不确定性有助于人们保持现状，或者说有助于人们维持之前的状态，但它却是人们改变想法的重大障碍，因为不确定性会让人们选择等待，继续维持原来的状态，而不是采取行动，开启新的旅程。这种状态至少会维持到不确定性得以解决，如果确实能解决的话。

比如人们会认为：不确定网上购物会不会有更好的体验，不如像过去那样开车去商店里买东西；不确定新项目值不值得安排人手，不如推迟决定，等事情变得更加明朗再说。

新事物几乎总是离不开不确定性，因此人们认为如果自己不清楚新事物会好多少，不妨谨慎行事，保持现状。

就像高速公路上的警告标志或公路上的施工标志一样，不确定性会减慢人们前进的步伐，甚至让人们暂停下来。

那么，如何才能让人们不停下来呢？

可 试 性

事实证明，如何让人们不停下来这个问题的答案也来自一个看似完全不相关的领域——杂交玉米的故事。

20世纪30年代初，埃弗雷特·罗杰斯出生于美国艾奥瓦州郊外的一个家庭农场。当时，大萧条刚刚开始，尽管各地的生活都很艰难，但几乎没有哪个地方比艾奥瓦州的乡村更艰难。农场没有暖气，没有管道系统，也没有电。罗杰斯从小就在农场帮着干活，他要去只有一间教室的校舍上课，还要喂鸡、挤奶，做其他需要做的杂事。

在他的心里，上大学并不是首要的事。如果不是有位老师用车载着有前途的高年级学生去参观爱荷华州立大学，罗杰斯可能就一直待在农场里了。罗杰斯之前从未去过大学，但是他喜欢自己看到的一切，并决定攻读农业学位。

每年夏天，罗杰斯都会回农场帮家里干活，同时告诉大家农业领域有哪些最前沿、最伟大的创新，包括一些新的见解，比如轮作的好处、哪些技术可以提高效率和产量。

不过，在大多数情况下，大家都对他的建议置之不理。比如，罗杰斯的父亲不愿意种杂交玉米，即使杂交玉米具有抗旱性，产量可以提高25%。

罗杰斯想知道为什么会这样，所以在获得硕士学位后，他又回到爱荷华州立大学攻读博士学位。

几年前，学校的两位教职员工正好研究了罗杰斯父亲对之不予理睬的那项创新，即杂交玉米。他们在艾奥瓦州两个社区的250多名农民中做了调查，结果发现，尽管杂交玉米从技术上讲"更好"（秸秆更结实，产量更高），但总共花了13年才被所有人接纳。即使农民开始用新种子了，也过了将近10年的时间才将全部作物换成杂交玉米。

罗杰斯对此很感兴趣，他决定针对除草剂做一项类似的研究。

在梳理文献时，他读到了其他学科的研究，这些领域已经开始研究类似的问题，比如是什么影响了教育计划的普及或新药的推广。

罗杰斯发现这些领域都有一些相似之处，于是开始构建一个通用的扩散模型。这一理论不局限于农业创新和农民，还包括如何让新发明、新技术或新观念在任何群体中传播，而不管传播对象是消费者、企业员工、教师，还是其他任何人。

但是，当他把这个模型提交给博士论文评审委员会时，委员会的人都深表怀疑。同样的驱动因素怎么能适用于不同的创新、不同的人群、不同的地方和不同的文化呢？这个想法本身似乎就很荒谬。

那天晚些时候，罗杰斯走出学校大楼时，碰巧遇到了委员会的一位成员。当时，这位教授正埋头读书，不过罗杰斯走过去的时候，他抬头看了他一眼。教授说："委员会对你的扩散模型的通用性有很多疑问，不过也许你能写出一本有趣的书。"

* * * * * *

几十年后，罗杰斯的《创新的扩散》成为现代经典著作，是社会科学领域引用率第二高的书，在营销学、管理学、工程学、经济学和能源政策等各个领域被引用了近10万次。

罗杰斯在这本书中指出，在影响事物接受快慢的因素中，高达87%的差异可以由五个属性来解释。罗杰斯研究了很多不同的领域，包括杂交玉米、现代数学、冰箱，以及近些年出现的互联网，他指出有几个特性可以解释为什么有些东西会风靡起来，而有些却没有什么吸引力。

在罗杰斯确定的这些关键因素中，有一点最为重要，解释了他所回顾的研究中的最大差异，他称之为"可试性"。

简单来说，可试性是指尝试某种东西的难易程度，也就是说在有限的基础上对其进行测试或试验的难易程度。

有些产品、服务或想法很容易尝试，比如如果有人给你介绍了一个新的博客，给你发个链接，那么你抽时间浏览一下是很容易的。你只需点击一下，就可以登录网站，大概了解一下它的内容，看看自己是否感兴趣。

我们可以将之和财务顾问面对的新管理软件做一下对比。如果财务顾问必须购买某款软件，那么他要花几个小时的时间输入信息，然后让客户注册软件，并和他一样输入信息，最后才能知道这款软件是否真的能节省时间或金钱，这可不容易尝试。

越容易尝试，就会有越多的人使用，流行起来的速度就会越快。参与药物试验的治疗方案最终采用这种药物的可能性要比没有参与的高五倍。大学讲师是否会采用新的教学技术，在很大程度上取决于他们是否可以提前试用。从互联网银行、云计算，到农业创新、电脑游戏，很多研究都发现，可试性是事物能否被采用的主要推动因素。

可试性之所以能起到作用，是因为如果更容易试用，不确定性就会被削弱，人们就会更容易体验并评估新事物。

但是，可试性并不一定是固定不变的。对于某些产品、服务或想法，人们更容易尝试，但即使是同一种情况，也有方法可以提高可试性，改变人们的想法，让人们不再原地不动，而是或多或少给予支持、采取行动、花钱购买，或尝试新鲜事物。

问题是如何通过降低试用壁垒来削弱不确定性呢？有四个关键的方法可以实现这一点，它们是：1）采用免费增值模式；2）减少预付费用；3）提高可视性；4）提供反悔的机会。

采用免费增值模式

像优步和爱彼迎一样，Dropbox（多宝箱）经常出现在独角兽排行榜上。独角兽是估值超过10亿美元的私人创业公司，在不到10年的时间里，这家文件存储公司已经积累了超过5亿注册用户，共有20多万家企业或组织注册使用Dropbox，公司的估值超过100亿美元。

不过，Dropbox并非一开始就这么成功。

刚成立的时候，公司绞尽脑汁地让客户注册。他们的技术绝对是创新的，但需要努力解决大多数人都没有意识到自己有的一个问题。人们习惯于把文件、图片和其他内容存在电脑上，改为云服务似乎有些难。对于人们来说，在投入大量时间完善文档后，最担心的就是文档找不到了。珍贵的家人照片也是一样，人们看到东西存在电脑里会有一种安全感，而云服务则太过模糊和抽象，让人难以理解。虽然Dropbox提供了更大的存储空间，访问也很容易，但如果服务器出现故障怎么办？

Dropbox的首席执行官曾考虑聘请专业的市场营销人员，或投放一些搜索引擎广告，但公司没有太多可以花的钱，投资回报率似乎也很低。因此，Dropbox并没有试图说服人们相信它的服务有多好，而是另谋他路。

公司决定让用户免费试用。

从表面上看，这似乎是种倒退。免费提供服务似乎违背了商业法则，即使是摆摊卖柠檬水的八岁小孩也知道要赚钱就必须收费。为什么一家想要获利的公司会无偿提供服务呢？

但是，这种方法确实奏效了。

在短短两个月内，Dropbox的用户数量增加了一倍多。在不到一年的时间内，用户数量增加了十倍。很快，Dropbox就赚了数十亿美元。

* * * * * *

Dropbox利用免费增值这一商业模型得以发展。人们只要注册，就可以免费试用服务。注册用户可以在云端免费存储文件，上传照片，尝试其他各种功能，而无须花一分钱。

用户都喜欢免费试用，这是显而易见的。谁不喜欢免费的东西呢？

免费试用对公司本身也同样具有价值，它会鼓励更多的人尝试使用。

有人可能已经听说过Dropbox，甚至有过使用的想法，但如果必须为此支付20美元、10美元或5美元才能使用，他们可能会说不，因为学习新事物已经要费一番力气了，还要每月交一定的费用，除非他们不满意当前的存储方式，否则转换成本就太高了，他们可能承受不了。

但是，Dropbox的免费试用会为人们减少一些成本。虽然人们还是要花时间和精力学习新事物，但因为服务最初是免费的，就会鼓励更多的人注册体验。

不过，如果免费增值模型只做到这里，那是不够的。吸引新用户固然很好，但公司最终必须还得赚钱。

现在，我们就要讲第二部分了。

"免费增值"包含"免费"和"额外付费"两层意思。也就是说，服务的初始版本是免费的，但这样做是希望试用满意的用户最终会付费升级到增强版本或高级版本。

Dropbox提供了不小的免费存储空间，足以让人们共享较大的文档、上传幻灯片、保存照片和视频。

一旦人们开始使用Dropbox，就会成为一种习惯。尽管人们之前可能会使用一大堆记忆棒或外置硬盘，但Dropbox提供的免费空间足以让人们改变存储习惯。Dropbox会成为人们共享文件、存储资料和保存珍贵回忆的首选方法。

但是，养成这种习惯是会消耗空间的。人们在云端存储了很多东西后，最终会用完免费的存储空间。很多人为了获得更多的空间或使用非免费功能，就会升级到付费版本。[②]

免费增值模型为用户提供了时间和空间来探索新服务的内容。当然，有些人可能上传一两个文件后就停下来了，但如果这项服务确实有用，他们会再回来使用。时间久了，人们就会意识到这项服务的价值。

[②]　免费增值模型也利用了转换成本的原理。鉴于开始使用**Dropbox**所耗费的时间和精力，你一旦上传了很多文件，就不太可能转而使用其他公司的服务，即使它们提供两倍的免费空间。从这个角度来看，免费增值与"剃须刀—刀片"的定价模型很类似。剃须刀公司通常会免费赠送剃须刀或以低价出售产品，希望以此将消费者牢牢地吸引住。不同公司的剃须刀刀片一般只适用于自己生产的剃须刀。因此，一旦有人选择了某个品牌，那么他就被锁定了，公司可以从剃须刀刀片的销售上赚取利润。正如吉列公司的创始人金•坎普•吉列所说："送剃须刀，卖刀片。"硬件和软件的销售往往也是如此，一种新的视频游戏系统会以成本价甚至亏损价出售，因为公司知道它们可以通过后面的付费游戏来获利，从而收回投资成本。

Dropbox不必说服用户相信它很好用，用户会自己说服自己，因为他们已经在使用并喜欢上它了。

* * * * * *

Dropbox并非使用此策略的唯一一家公司。其实，很多家公司都利用免费增值模型获得了成功。玩《糖果大爆险》这款游戏是免费的，但解锁一定级别或想使用某些功能就需要付费了。在线阅读《纽约时报》是免费的，但如果一个月读了十篇文章后还想继续阅读，就必须付费。领英、流媒体音乐平台潘多拉（Pandora）和声田（Spotify）、即时通信软件Skype、社交平台Evite、网络调查公司SurveyMonkey、建站资源平台WordPress和知识管理工具印象笔记（Evernote）等都通过这个策略实现了蓬勃发展，这里仅举几例。

重要的是，免费增值并不是骗人的。Dropbox并没有说它的服务全是免费的，这与诱导转向法可不同。

只有人们决定升级，才需要付费。当人们想要更多的存储空间或使用非免费功能时，人们才会做出付费的选择。

如果免费增值奏效了，就会鼓励用户升级，而用不着向用户提出任何要求。这与我们在心理抗拒那章讨论的鼓励自主性类似，即是否和何时从免费版本升级为付费版本，由人们自己决定。

如果Dropbox立即让人们付费，如果像潘多拉这样的平台立即让用户为无广告版本付费，那么大多数潜在用户可能都会拒绝，因为人们不确定付费究竟值不值。但是，免费增值可以帮助人们发现服务的价值，就潘多拉而言，就是让人们发现广告很烦人，让人们愿意花上几美元升级为无广告版本。[3]

并不是所有人都会选择付费升级，但是试用的人越多，将来有望成为付费用户的人也会越多。总而言之，买前试用会提高人们购买的可能性。

想知道如何利用免费增值模型，

请见附录B：使用免费增值模型。

减少预付费用

免费增值对数字产品和服务尤为有效，在这种情况下，产品和服

---

[3] 如果用户理解为什么付费版本要收钱，那么免费增值模型的效果会更好。比如，尽管云存储看似好像是将文件悬浮在空中，但大多数人都知道文件被托管在了某个付费的服务器上。就像把一堆箱子寄存在某处需要花钱一样，在云端存储文件也要付钱。如果额外的付费功能不能清晰地表明会增加公司的成本，那么就一定要说清楚付费服务的价值，这一点十分重要。

务可以被轻松地改变，从而将用户从基础版本无缝升级到付费版本。

但是，这种方法的应用范围可以更加广泛。要想知道具体如何运作，我们可以先看看前面提到的Shoesite.com的创始人尼克·斯温默是如何解决他所面临的挑战的。

* * * * * *

尼克·斯温默再次遭到风险投资人的拒绝后，他与公司高管弗雷德·莫斯勒一同讨论该怎么办。他们需要找到一种可以快速提高销量的方法，否则Shoesite.com很快就会倒闭。

他们讨论了打折这种方法，即通过降价鼓励顾客购买。大家都知道，亿贝（eBay）和亚马逊（Amazon）等较大的电子商务公司都会通过降价吸引新客户，促进收入增长。

不过，尼克和弗雷德担心，这样做会使合作伙伴不高兴。鞋类公司在保护品牌价值上可以说是不遗余力的。消费者之所以愿意花更多的钱买耐克，是因为他们认为耐克属于高端品牌。那么，打折就可能会有损品牌的价值。因此，鞋类品牌会拒绝与降价的公司合作。

此外，打折虽然可能会在短期内吸引一些客户，但不会改变根本的问题，即人们对在线购物的顾忌。打折只能是一个创可贴，而且还是没用的创可贴。

因此，尼克及其团队想了另外一种方法。他们知道的人中还没有人做过类似的事，他们也不清楚这从商业的角度上讲是否明智，但这种方法绝对新颖，那就是免费配送。

当时，免费配送的风险很高。尼克和弗雷德不知道这样做是否可行，也不知道具体实施起来需要增加多少成本。

那时的大多数电子商务公司都将配送看作一大利润来源。这是一个可以为公司增加些许利润的环节，通常能多赚一两美元。

免费配送意味着Shoesite.com不能再从运费上赚钱，反而要亏钱。每当客户下了订单，公司都必须为此支付配送费用，这很快就会成为一大笔开销。此外，公司还要管理积压库存，处理客户退回的商品。

但是，Shoesite.com已经别无选择了，公司的钱已经快花光了，他们没有时间去进行测试或探索。

所以，尼克和弗雷德决定搏一搏。1999年11月，他们在公司网站的最上方打出了免费配送的广告。

最开始，市场没有什么反应，至少当时没有立刻发生什么变化。

但是，销售量随后很快开始增长。到2001年，Shoesite.com的收入达到了几百万美元。仅仅三年后，它的收入就增长了20多倍。又过了几年，这家公司的年销售额就超过了10亿美元。

如今，公司的仓库拥有近1000个品牌的320多万种商品，不仅包括鞋类，还包括各种各样的衣服、配饰，甚至行李箱。实际上，在美国，即使你没有从这个网站买过东西，你至少也认识几个买过的人。

你真的从未听说过这家网站吗？

如果我说出它现在的名字，你也许就更熟悉了。该公司成立几个月后改名为"Zappos"，源自西班牙语的"zapatos"，就是"鞋子"的意思。

＊　＊　＊　＊　＊　＊

Zappos刚刚推出免费配送服务时，唱衰的声音很强。没有人认为它会成功，这是一个烧钱的策略。

但是，它最终奏效了，因为它清除了人们购买的主要障碍，削弱了不确定性。

尼克和弗雷德知道，顾客在网上买鞋时会有所顾忌，因为他们希望可以试穿一下。在传统的商店购物，顾客购买之前可以触摸实物，可以有真实的感受，而在线购物则意味着人们需要预先付款，即在体验产品之前，在知道合不合适之前，人们就要掏出腰包。而且，如果人们在购买之前无法试穿，那么就很难确保自己最终会喜欢这款鞋。

这种不确定性阻碍了人们在线购物，而且人们不想支付运费来削弱不确定性。

弗雷德说："如果我们挪走这一障碍，就可以创造出一个心理图像，让人们感觉仿佛把鞋店搬到了自己家里。人们会想订购多少，就订购多少，并且挨个试穿，再把不想要的寄回来。"

结果，顾客就是这么做的，如今也是如此。人们可以订购两双、三双，甚至十双鞋，试穿之后，留下自己喜欢的，退掉不喜欢的。客服人员甚至受训鼓励顾客订购两个尺码的鞋子，确保最终有一双合适。

所有订购多双鞋子的人都要花Zappos的钱吗？当然了。

但是，久而久之，总的销售额增加了。就像在商店购物一样，人们愿意订购更多的鞋，因为可以免费送货和退货。

免费配送是电子商务发展为今天的庞大规模的催化剂。想一想亚马逊的Prime服务，它的成功并非来自降低价格或设计巧妙的口号，而是因为它消除了阻碍变化的障碍。

免费配送让消费者像在实体商店一样体验产品，而不必为试用支付金钱。免费配送克服了不确定性税，永久地改变了人们的购物方式。

* * * * * *

在看到免费增值模型和Zappos这些例子时，我们很容易想到它们都有一个共同点，即"免费"。降低试用门槛看似与金钱有关，它会让东西变得更便宜，甚至免费。

但是，金钱并不是阻碍人们改变的唯一障碍或最大障碍。例如，虽然免费配送可以节省5.99美元，但对大多数顾客来说，这比降价10美元更具吸引力。

因此，真正的障碍不是金钱，而是不确定性——我会喜欢那双鞋吗？它穿着合脚吗？

降价10美元从价格上看对顾客更有益，但它并不能削弱不确定性。降价后，产品确实更便宜了，但顾客在购买前还是不确定自己是否会喜欢这双鞋或不确定它合不合脚。

另外，如果必须花钱才可能解决不确定性的问题，这就只会降低人们采取行动的可能性，人们更可能会按下暂停按钮，什么也不做。

想象一下，如果买车之前无法试驾，必须支付数万美元才会知道这辆车的操控性好不好、前排座椅舒不舒适，就会大大降低人们买车的可能性。

无论汽车经销商的试驾服务，还是苹果商店的新产品展示，目的都是让人们在花钱之前先了解一下具体的产品。试用不会降低产品的价格，但是会削弱人们的不确定性，让人们知道买下它是不是一个好主意。

这就是为什么床垫电商卡斯珀（Casper Sleep）、眼镜电商瓦尔比·派克（Warby Parker）等仅从事在线业务的零售商开始开设实体店的原因。

卡斯珀避开了传统的零售方式，只在网上卖床垫，这有助于削减成本，保持低价。但是，有些潜在顾客依然想在订购之前在床垫上坐一坐。因此，卡斯珀打造了带有床垫的汽车，在全国各地穿行，还开设了快闪店，并最终建立了永久性的实体店，人们可以在那里试睡床垫。④

试播是一种成本较低的方式，电视台高管可以借此了解节目的播出效果。租用也是一种成本较低的方式，潜在的滑雪者可以在购买所有装备之前尝试这项运动。如果人们最终购买了相关产品，那么租用这种方式就降低了人们在购买之前试用的门槛。

户外运动品牌盖伊·科滕（Guy Cotten）甚至利用这一理念鼓励人们划船时穿救生衣。

我们都知道划船时应该穿救生衣，但很多人都不穿。因此，为了让人们意识到穿救生衣的重要性，盖伊·科滕公司设计了一个模拟溺

---

④ 化大为小也很有用。必须签署一年的合同可能会吓跑一些顾客，因此健身房现在允许人们一个月一个月地续费。大型跨国公司想要把产品卖给印度农村的人们，但是按照正常价格，那里的大多数消费者都买不起。因此，这些公司开始提供小包装的产品，比如海飞丝没有提供700毫升一瓶的产品，而是提供10毫升一袋的产品，当地消费者只需花5卢比就可以买到。这就是所谓的"袋装革命"，使消费者得以试用各种产品，目前很多快消品牌都会采用这种方式。

水的网络游戏《海上旅行》。

这个模拟游戏以游戏参与者为视角。游戏画面上阳关明媚，你在帆船上玩得很开心。你在与朋友聊天，但没有穿救生衣。突然，桅杆开始摇晃，把你晃到了水里。你的朋友试图让帆船掉头去救你，但风越吹越大，船离你越来越远，你在水里拼命地挣扎。

要想继续浮在水面上，防止溺水，唯一的方法就是不停地滚动鼠标。

滚动鼠标看似没什么大不了的，最初的几秒钟你甚至会觉得挺有意思。但是，这很快就会让人筋疲力尽，于是人们最终都会放弃。当人们不再滚动鼠标，就会看到自己慢慢沉入海底。

这种体验很惊悚，但重点就在于此。你觉得滚动几分钟鼠标很难吗？那么，想象一下踩几个小时的水，会是什么样子。想到这，也许你就觉得应该穿件救生衣了吧。

＊　＊　＊　＊　＊　＊

这些例子都通过降低预付费用达到了效果。在这些例子中，人们体验所需的时间、金钱或精力都减少了。免费配送可以让顾客试穿鞋子，而不用支付快递费用。试驾和租用可以让人们在花钱购买之前先体验一下。模拟溺水的网络游戏可以让人们体验不穿救生衣想要活下来有多难。由此可见，削弱不确定性可以提高人们采取行动的可能性。

想一想上次去超市购物的时候，你买了哪种水果？买了哪种口味的冰激凌？如果你和大多数人一样，你以前买什么，现在就会买什么，比如你会继续买同一种苹果或同一种口味的冰激凌，一切都是惯性使然。

如果换作去冰激凌店，你可能不会换一种全新的味道，但我敢打赌，你会选一些不常吃的口味或一些更大胆的口味。

人们在店里吃冰激凌会兴趣大增吗？会更大胆、更愿意做出改变去尝试新鲜事物吗？其实并非如此，只是大多数冰激凌店都会提供试吃样品。

想让人们做出改变吗？想让人们改变惯常的行为、选择或行动吗？

我们要扮演催化剂的角色，消除试用的障碍。我们要成为冰激凌店，而不是超市。

提高可视性

如果人们有兴趣尝试，那么免费增值模型和降低预付费用都可以起到作用。但是，如果人们不知道产品的存在，怎么办？或者人们虽然知道产品的存在，但觉得自己不会喜欢，怎么办？

2007年，汽车品牌讴歌遇到了一个问题。这个问题并不是出在产品身上，讴歌的车本身还是不错的。讴歌MDX赢得了《汽车潮流》杂志的年度运动型多用途车最佳奖，讴歌TSX和RSX也多次被《汽车与司机》杂志评为十大最佳汽车。

问题在于消费者的认知度。很长时间以来，讴歌一直在打造高端汽车，但消费者买车时就是不会考虑这个品牌。讴歌早在雷克萨斯之前就进入了美国市场，但几十年后，它的市场份额还是赶不上雷克萨斯。人们考虑购买日本的高端车时，雷克萨斯会是首选，讴歌却不在考虑范围之内。

讴歌认为，只要能让人们试驾，就可以转败为胜。讴歌现有的客户都很喜欢这个品牌，他们称赞讴歌的发动机，并且如果旧车不能开了，他们会再买一辆新的讴歌。

但是，这样的人还不够多。讴歌就好比一家很棒的餐厅，一半的餐桌没有坐满，因为没有足够的人知道这家餐厅。

讴歌已经提供试驾服务了，但这还不够。试驾会吸引感兴趣的顾客，但这并不能解决大多数人认知度的问题。

谁会来试驾？答案是只有那些知道这个品牌并认为自己可能会

喜欢的人会来试驾。如果人们不熟悉讴歌，或是觉得自己不会喜欢讴歌，那么人们就不会去专卖店试驾。

面对这样的挑战时，大多数公司通常采用的一种标准做法就是投放广告。

以别克为例。别克认为自己属于高端品牌，但人们不这么认为。人们认为别克是他们的爷爷奶奶才会开的乏味的老古董车。因此，别克像很多大公司陷入困境时一样，购买了超级碗广告。

别克在传统的消息推送上花费了数百万美元，希望可以改变消费者的想法。别克举办了各种活动，活动上满头白发的老奶奶说："这一点儿都不像别克。"别克还聘请沙奎尔·奥尼尔等名人在广告中夸赞别克有多么好。

这些方法都以惨败告终，几年后，别克甚至将自己的牌子从车上撤了下来。别克认为，销售别克的唯一方法就是不要提醒消费者他们要买的是别克。

讴歌知道投放广告这种传统方法无法解决问题。这种方法不仅昂贵，而且无法消除关键的障碍。这样做不可能让顾客坐进车里，试驾讴歌。

所以，讴歌没有试图去说服人们，而是把车开到了人们的面前。

讴歌与高端酒店万豪合作，提供专属的接送服务。讴歌对该服务的定位是万豪酒店随时/随需礼宾服务的一个扩展，入住万豪酒店的任何人都可以乘坐讴歌MDX去市区里的任何地方。顾客所要做的就是预订，然后就可以免费享受这一服务。

你之前可能不喜欢讴歌，你可能觉得它没有新意或定价过高，甚至你可能不知道这个品牌的存在。但是，如果你住在万豪酒店，需要乘车去某处，为什么不享受免费服务呢？在此过程中，你会发现这个品牌比你想象的要好得多。

一百多万人都这样做了。

是不是所有体验过讴歌的人都会买这个品牌的车？不，当然不是。但是，确实有很多人这样做了，其中约80%的人从其他高端品牌换成了讴歌。

你认为这两种情况哪个投资回报率更高？是花数百万美元试图说服人们认为别克比他们想象的要好，还是借几辆车给万豪酒店，让顾客有机会看到讴歌的真正魅力？

* * * * * *

讴歌通过提高可视性改变了人们的想法。如果人们不知道某个东西的存在，或者认为自己不会喜欢它，那么他们就不太可能去尝试。

虽然讴歌可以在万豪酒店提供试驾服务，但这样做并不能解决问题，因为认为自己不会喜欢讴歌的人是不会去试驾的。

相反，讴歌没有提供试驾服务，而是以不同的方式为人们提供体验，而潜在的客户除了预订什么都不需要做。讴歌通过这种方法鼓励了更多的人考虑这个品牌。

超市的工作人员会把牙签扎在香肠上，为人们免费提供试吃。这不仅降低了喜欢吃香肠的人试吃的门槛，同时也让本来打算买香肠的人更可能选择这款香肠。

头等舱洗漱套装中的试用牙膏，或酒店提供的剃须膏样品也是一样。即使人们不打算换牙膏或剃须膏品牌，但如果自己忘记带牙膏或剃须膏，就会使用这些样品，从而增加了人们未来更换品牌的可能性。

此外，现有客户也可以成为提高试用性的宝贵资源。

几年前，我曾经帮一个大型公寓建筑商提高品牌的知名度。当我想办法吸引更多的潜在客户前来参观时，偶然发现了一个简单的方法。为什么不鼓励现有业主多多邀请客人前来参观呢？

派发聚会用品，或免费为大型活动提供餐饮服务，这些做法很容易实现，可以让更多的潜在业主看到公寓的内部。跟随销售人员参观公寓固然很好，但是谁会比现有业主的分享更具说服力呢？

Kiwi Crate也是一样。它是一家采用按月订购模式的网站，为儿童提供创意手工项目和游戏用具。网站通常每月给用户寄一个玩具，但是为了自身发展，网站开启了生日礼盒项目。为孩子举办生日聚会的父母可以订购一个特殊的礼盒，里面有孩子们可以玩的各种玩具和游戏用具。

这不仅会提高孩子的参与度，还会让很多前来参加生日聚会的人发现并喜欢这个品牌，从而成为该品牌的潜在客户。

提供反悔的机会

削弱不确定性的最后一种方法是提供反悔的机会。

几年前，我正在考虑要不要养一只小狗。从小到大，我们家一直都有狗，我喜欢和它们在一起。我可以说是一个爱狗的人，看到别人家的狗，我总会和它们玩上一会儿。甚至有时我还在动物收容所当志愿者，我经常和狗一起玩。

养狗这件事我已经考虑很久了。

但是，每次想到养狗，都会蹦出相同的问题。我怎么知道该选哪种狗去养？我有足够的时间在家照顾它吗？如果我要出去旅行怎么办？

障碍总是太多，所以最后我总会得出一个结论——我还没有做好养狗的准备。

但是，有一个周末，我和女友在外面吃完晚餐准备去开车的时候，碰巧路过当地的一家动物收容所，名叫"费城街尾动物救援组织"。收容所的橱窗里有一只八周大的小狗，我们进去看了看。它是一只十分可爱的比特犬，穿着漂亮的裙子，一圈一圈的。当我抱着它时，它愉快地舔着我的手指。这只小狗看起来太可爱了。

但是，就在我考虑是否领养它时，原来那些老问题又出现了。我在家里有足够长的时间照顾它吗？如果它长大了，不适合生活在我所住的地方，怎么办？类似的问题还有很多很多，我都无法确定。

当我放下小狗准备离开时，一位友好的志愿者叫住了我。她说："你看起来很喜欢那只小狗。"

"是的，"我回答说，"但我不确定能不能给它一个很好的家。"

"哦，是这样，"她说，"我们有一个两周的试养计划，你想不想尝试一下？"

两周试养？

该动物收容所希望确保潜在的领养者已经准备好做宠物的父母了，也希望宠物们都能找到合适的家。如果领养者在领养的前两个星期里，由于任何原因觉得自己不适合领养，都可以把宠物送回来。

突然间，领养的障碍似乎没有那么大了。

我和女友填了一些表格，买了几罐狗粮和一个狗窝，然后带着小狗走出了收容所。

多年后，小狗佐伊已经成了我们家不可分割的一部分，而这一切仅通过两个星期的试养就实现了。

* * * * * *

历时两周的试养并没有降低佐伊的开销，我们要给它买食物，打疫苗，买狗窝及小狗所需的其他东西。

这种方法并没有减少预付费用，我们需要买齐所有这些用品。

但是，这确实削弱了不确定性，因为我们有反悔的机会。它让我们觉得，即使是最坏的情况，如果佐伊不开心，我们完全可以把它送回去，所以我们带它回家的时候就没有什么疑虑了。

* * * * * *

退货对零售商来说是一个很大的问题。在美国，消费者每年退掉的商品价值超过2500亿美元，而这些商品中只有不到一半可以全价转售。这除了会给库存管理造成麻烦，零售商还必须弄清楚如何补充可销售的商品，并将损坏的商品分流给清盘商和批发商。

因此，毫不奇怪，很多零售商都在收紧退货政策。户外运动品牌REI和L. L. Bean放弃了众所周知的终身退货制度，用更为严格的限制取而代之。大多数公司会承诺30天内可以退货，期望较短的退货期限可以降低成本，提高利润。

从直觉上讲，这是很有道理的。衣服会过时，技术会落伍，退货时间越长，再次销售就越困难。因此，较短的退货期限会减少退货数量，退回的货物也会比较完好，更容易再次销售。

但是，有些研究表明，这可能是短视的做法。曾有两名营销研究人员做了一项试验，他们将两组消费者随机分配不同的退货政策。对于较严格的那一组，只能退回质量有问题的商品或发错货的商品。对于较宽松的那一组，任何商品都可以随时退货。

与直觉相反的是，限制较少的退货政策实际上提高了销售的利润，而且不是一点点，而是20%。宽松的退货政策不仅会提高退货数量，还会提高销售量及口碑，而后者足以抵消多退回来的商品的成本。如果把公司的全部顾客计算在内，宽松的退货政策每年可以提高1000万美元的销售利润。

就像减少预付费用一样，减少后续的摩擦也会鼓励人们采取行动。像免费配送和免费试用一样，宽松的退货政策有助于人们改变想法，因为这会帮助人们克服尝试新鲜事物的犹豫。让人们知道可以随时退货有助于降低购买风险，让人们采取行动时更加放松。

Zappos不仅提供免费配送服务，还提供免费退货服务。如果人们不喜欢他们订购的商品，就可以免费退掉，这至少和没下单之前没有什么区别。

"不喜欢？剩下的就交给我们吧。"这样的退货服务谁不喜欢？有些

律师给自己打广告说，如果输掉官司，他们就分文不收。甚至航空公司
的机票有二十四小时的退票政策。所有这些都是为了削弱不确定性，减
少惯性的作用，从而鼓励人们改变自己的想法，将否定改为肯定。

利用惯性

在这些降低试用壁垒、利用催化剂削弱不确定性的所有方法中，
还有一点值得一提。

我们在"禀赋效应"一章中谈到的那个有关杯子的研究表明，卖
方会比买方更珍视手中的东西。人们一旦拥有了某物，就会产生依
恋，不愿意放弃。

按照这个思路，试用会利用禀赋效应，将人们的思维方式从购买
转为保留。在人们试用产品之前，人们考虑的是要不要买，以及是否
物有所值。但是，一旦试用过了，人们就会面临另外一个问题。现在
已经不是人们是否愿意花5美元阅读一本杂志的问题了，而是人们是
否愿意花5美元继续读完这本杂志，是放弃还是不放弃的问题。尽管
有些人可能不愿意以市场价格购买某物，但有更多的人愿意为了避免
失去它而掏腰包。

从这个角度来看，试用把人们从潜在的买家变成了潜在的卖家。试用赋予了人们一定的东西，改变了人们的思考方式——从获得某物愿意支付多少钱转变为放弃某物需要得到多少补偿。鉴于后者高于前者，大多数人都会付钱，让此物继续留在自己身边。

给人们更长的退货时间实际上会减少人们退货的可能性。也就是说，与30天相比，给人们90天的退货时间可以降低人们退回商品的可能性，因为时间越长，人们就会越喜欢这个东西，人们的拥有权会更为强烈，放弃它也会更加困难。

* * * * * *

鼓励试用的方法也巧妙地利用了人们的惯性。在顾客订购鞋子之前，人们的惯性是坚持穿自己原来的鞋子。鉴于面临的选择过多，人们很容易选择什么都不做。

但是，如果免费配送或免费退货等政策帮助人们克服了惯性，让人们成功下单，惯性对人们的影响也会随之改变。现在，对于人们来说，问题不是买双新鞋值不值，而是放弃刚刚订购的那双鞋是否划算。

一旦订购的鞋子到货，人们想要退货，就需要费力重新包装好，打印退货单，然后将其寄回去。而且，要在众多的其他选择中再找一双鞋，需要花费更多的精力。这时，惯性仍然主宰一切，但在这种情况下，人们的惯性是留下新买的这双鞋。⑤

试用的门槛越低，购买的可能性越高

恐新症是指对新事物的恐惧或厌恶。对于人们来说，这个术语指

---

⑤　试用还会微妙地将决策过程从比较转为评估。在考虑购买哪种产品时，人们的心态通常以比较为主。这些产品中哪个更好？人们会比较各种选择，考虑每种选择的相对优势和劣势，然后选择最好的那一个。人们会将自己的利益最大化，也就是说人们会寻找最好的东西。但是，一旦人们开始试用某个产品，比较通常就会被搁置。人们不再积极地寻求最佳选择，而是专注于一个选择，思考这个选择是否足够好。人们追求的是这一选择是否能够满足自己的最低要求，并测试它是否达到了这一标准。

当人们考虑这个选择时，通常不会再去寻找替代品。例如，一旦某人订购了鞋子试穿，他就不会继续浏览其他网站，而是倾向于等着到货后看看自己订购的鞋子是否合适。这时，人们不会再去寻找更好的东西，而是专注于眼前的事物，而人们更有可能最终留下它。

想一想你单身时会积极地寻找最佳伴侣，你会与不同的人约会并进行比较，思考每个人的相对优点。你会列出一些自己希望对方拥有的优点，并且你找寻的时间越长，这个列表就会越长。这样一来，有人能满足这个越列越长的清单的可能性就会降低，而你始终无法安顿下来的可能性就会更大。

但是，当你仅与一个人约会时，你考虑的问题及做出的决定就会有所不同。你不再一直寻找其他对象，不再想自己能不能找到更好的人，而是专注于当前的约会对象。只要对方足够好，你就会继续与之交往。

代一种避免接受陌生事物或状况的趋势。

虽然大多数人都没有临床上所说的恐新症，但我们所有人都有一定程度的恐新症。与我们以往的习惯相比，我们往往会不喜欢或低估新事物，其中一个原因就是人们面临更多的不确定性。

鼓励人们试用是催生变化的一个有力方法。具体采用哪种策略，取决于你想改变谁及这些人在决策的哪个环节出现了问题。

如果人们对新事物有兴趣但不确定是否应该购买，那么专注于开始的阶段会很有用。像Dropbox那样，从免费版本而非收费版本开始，会鼓励人们最终升级到付费的高级版本。也可以像Zappos和汽车经销商那样，通过免费配送、试驾或类似的方法降低预付费用。

此外，我们也可以从后面的阶段入手，为人们提供反悔的机会，就像费城街尾动物救援组织一样。我们可以通过免费退货和放宽试用期限让人们更愿意做出改变，因为人们知道，即使出现最坏的情况，他们也可以反悔。

如果人们不知道某个事物的存在，或者认为它不适合自己，那么提高可视性就会很有帮助。就像讴歌或Kiwi Crate一样，可以把商品直接带到人们眼前，或者利用社会关系来鼓励人们试用。

所有这些方法都是想让人们体验他们原本不愿尝试的事物，从而阻止人们按下暂停按钮，鼓励人们采取行动。

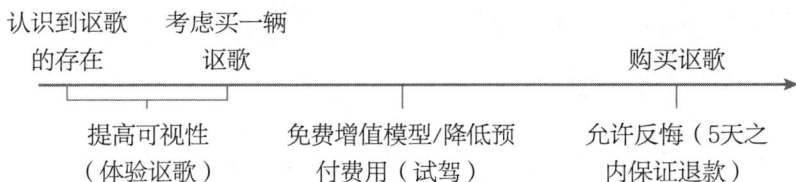

图4-1 议歌模型

认识到议歌 考虑买一辆
的存在 议歌 购买议歌

提高可视性 免费增值模型/降低预 允许反悔（5天之
（体验议歌） 付费用（试驾） 内保证退款）

图4-1 议歌模型

图4-1为议歌的做法。虽然很多公司或品牌都着重于用这些方法改变人们购买的产品或使用的服务，但是相同的原理也适用于改变人们的想法和生活方式之类的事情。

以素食为例。不吃肉是一个很大的转变，特别是如果你很喜欢吃培根或多汁的牛排，让自己完全放弃吃肉会变得更难。不过，像"无肉星期一"这种计划就提供了一种低成本的尝试方法。这种计划不需要让自己发誓彻底不吃肉，而是让自己尝试一周有一天不吃肉，然后看一下自己感觉如何，也许你就会发现这并不像人们想象的那么难。

* * * * * *

如果你想让潜在客户购买新的产品或服务，怎么让他们更容易尝试呢？怎么让他们无须事先投入本该投入的金钱、时间和精力就可以大概了解你的产品或服务？怎么让他们体验你的产品或服务有什么益处？

答案是先让人们试用。如果人们喜欢，他们还会回来购买更多的产品或服务。

■ 案例分析

如何改变老板的想法

如果我们想看看在现实生活中如何削弱不确定性，不妨去办公室逛逛。在这里，即便最好的新想法往往也会因为人们不想改变而受到束缚。

* * * * * *

"这个新的计划注定要失败了。"亚采克·诺瓦克走出会议室时心里这样想，同事的声音一直萦绕在他的耳畔。"这有什么用？"一位同事说。"这是在浪费时间。"另一位吼道。虽然他们为了实施这个计划尽了全力，但也无法保证客户会满意，无法保证客户会感激他们所付出的努力。当前的情况总体上还算不错，为什么要改变呢？

亚采克在银行工作了十多年，他从客服做起，为桑坦德银行的分行提供行政业务流程支持，一步步做到了今天的位置。他曾举办讲习班，协调培训计划，帮助拟定招聘流程。最终，他不用再亲自培训新员工，而是负责管理一个培训团队。身为桑坦德银行的支行高管，他负责多个分行的客服业务。他主管培训和人才发展，目的是让员工为客户提供最佳的体验。

但是，最近有项消费者研究得出了令人失望的结果。银行的整体服务还是令人满意的，甚至可以说还不错，但是缺少了一些东西。大多数员工都在银行工作有一段时间了，他们可以说对银行的产品和工作程序十分了解。但是，他们对年复一年重复相同的工作已经有些机械化了。员工会对客户报以微笑，就像员工手册所建议的那样，但这是出于义务，而不是真正的热情。客户进门时，员工会按照规定站起来，但只是站一下，很快就会坐下，没有任何真情流露。

严格来说，员工们已经达到了标准，甚至超过了标准，但仔细一看就会发现很多令人不安的问题。关键绩效指标，比如大额贷款、大额保险等，均低于应有的水平。很多客户都在销户，转向竞争对手的怀抱。客户整体上是满意的，但并不信任这些员工，不会和他们谈论自己的实际需求。

亚采克知道这一切需要改变。他想改善客户体验，加深员工与客户的关系，鼓励客户把员工看成顾问或帮手，而不是销售人员。

亚采克研究了不同行业的最佳案例，发现很多改善客户体验的方法都包含某种惊喜。比如用一些小礼物或小动作当作惊喜，让客户看到他们得到了认可和重视。举个例子，有一家高端酒店，顾客走进来时，服务人员会在打招呼的时候叫出顾客的名字，并在房间准备好他们喜欢喝的饮品。

亚采克认为类似的做法可能会对银行有所帮助，比如在客户生日那天给客户寄一张贺卡，跟客户打招呼时叫出客户的名字，在重要的日子为客户送上祝福……这项客户服务计划会增强银行与客户的情感联系，并提高员工的士气。

但是，当亚采克在老板和其他高管面前提出这个想法时，大多数人都表示反对。银行业是个非常传统的行业，穿着正装的工作人员坐在宽大的桌子后面，和二十年前一模一样。银行关注的是利率和活期存款账户，而不是客户体验或员工敬业度。

给客户寄一张手写的生日贺卡？银行的领导层对此表示怀疑。他们说，这是行不通的。银行的员工已经习惯于特定的客户沟通方式，他们不愿意做出改变。银行高管认为，目前一切都很顺利，银行不能被别的事情打乱现状。总之，任何改变都被视为一种威胁。

亚采克试图提供更多的信息，他与管理层分享了有关客户感受和偏好的那项研究，还摆出了数据，说明价格不是影响人们做出决定的最重要的因素。他甚至从外面请了一位专门研究客户体验的顾问给大家讲解最新的工具和方法。

但是，大家仍然表示反对。老板说，银行业和别的行业不同，客户关心的是快速有效的服务，而不是建立关系，并且销售就是销售，他说的方法可能适用于某些行业，但在银行业并不适用，至少在这里不适用。

＊ ＊ ＊ ＊ ＊ ＊

人们经常会从老板那里得到这种回应：谢谢你，这个方案现在无法实施，也许以后可以；这个想法对其他机构来说很好，但在我们这儿不起作用。

老板们的大脑里好像已经预先编好了拒绝程序。他们不仅很忙，而且面前通常都有一份清晰的议程，他们不希望有任何偏离。他们认为自己的晋升道路就是按部就班，所以任何偏离都会被视为不必要的风险。

亚采克需要想出一种方法来改变人们的思维方式，说服管理层和员工，让他们认为这项新计划切实可行，并且减少这项新计划给他们带来的不确定感。

但是，亚采克越想说服他们，得到的消极回应就越多，他们变得更加反对这个计划了。

亚采克灰心丧气，于是尝试了最后一种方法。他和几个人一起了解了银行里每位员工及他们的生活，甚至包括亚采克的老板和其他高管，比如他们的生日和结婚纪念日是哪天。此外，还有更多特殊的信息，比如他们最希望去哪里度假、何时开始在这里工作等。在这些信息中，有比较积极的，比如他们最喜欢哪种食物，也有比较具有挑战性的，比如他们的家人得了什么病及他们有什么其他困难。

通过这些信息，亚采克及其团队打造了一种独特的体验。他们给每个人送去了惊喜，让他们感动不已。为了给银行经理庆祝生日，他们组织了一次全城的寻宝活动，在不同地点设计了不同的活动。他们还给两位参加徒步旅行的同事送上了暖和的帽子。为了庆祝一位高管在这里工作了十年，他们为他手写了一封信，上面写着："您与我们一起工作了3650天，给了我们至少525.6万次微笑，没有它们，我们的工作不会如此愉快，谢谢您。"

还有些人收到了特殊的礼物、小配件，或支持与关心。这些都是针对个人量身定做的，并且饱含深情。

有一位员工的儿子出了车祸，亚采克的团队专门成立了一个脸书筹款小组。在几个小时内，他们就吸引了成千上万的人，很快就筹集到了足够的钱支付医疗费用。

银行里的所有人都很震惊，他们都得到了惊喜，很多人深受感动，因为有人肯花时间来关心他们。

几个星期后，亚采克在高管例会开始时提了一个问题："你们在得到体贴而富有同情心的关怀时，感觉如何？"

答案不言自明，亚采克团队的做法给每个人都留下了深刻的印象。

现在，亚采克的团队可以谈论情感的重要性了。他们介绍了新的客户服务计划，开始讨论客户体验的价值。他们不用再担心有人会说行不通了，因为这项计划在会议室里的每个人身上都产生了效果。

* * * * * *

多年后，这项计划仍在执行。银行员工不仅会在客户生日和结婚纪念日那天送上祝福，还会在与客户交流时富含同理心。他们致力于发现每位客户独特的个性化需求，并渴望为他们找到不同寻常的解决方案。

事情进展得十分顺利，银行的董事会成立了一个新的客户体验管理团队，并任命亚采克为经理。

但更重要的是，亚采克手中那个曾经濒临失败的计划如今大获全胜，他成功地扭转了局势。他不仅让高管们支持他们最初反对的事情，而且他得到的是全心全意的支持。

亚采克并没有一直说服高管们客户体验很重要，而是削弱了事情的不确定性。他没有对事情加以推动或提供更多的事实和数据，而是扮演催化剂的角色，消除试用障碍，让大家亲自体验。

通过这些努力，亚采克完成了一件看似不可能完成的事，他改变了人们的想法。

* * * * * *

到目前为止，我们已经讨论了如何化解心理抗拒，减轻禀赋效应，缩短距离，削弱不确定性。接下来，我们来看一下催化剂经常会碰到的最后一个障碍，那就是没有足够的证据。

05

补强证据
Corroborating Evidence

　　从小到大，菲尔从没想过自己会开一家戒毒戒酒咨询公司，也从未想过自己会成为一个吸毒者。

＊　＊　＊　＊　＊　＊

　　表面上看，菲尔的生活很美好。他获得了金融学士学位，开始在美国中西部一家财富500强电信公司工作。因为工作表现出色，他跳到了全球著名的会计师事务所之一，并成为一名模范员工。

　　不过，在这一切的背后，菲尔却是一个典型的表面上一切运转正常的吸毒者。菲尔十九岁时，有个朋友给了他两粒维柯丁。菲尔喜欢上了这种感觉，开始服用更多的维柯丁。他向朋友借钱，填写假的处方，甚至翻别人家的药柜，以寻找这种成瘾性极强的镇痛药。

　　菲尔觉得自己可以停下来。他与自己达成了一个协议，如果能够考入大学学习商业，他就戒毒。他真的考上了，于是不再服用毒品，彻底与毒品说了再见。他向自己证明了戒毒很容易，他能控制住自己。

　　之后的一切都很正常，直到几年后，有人给了菲尔一些维柯丁当作毕业礼物，菲尔选择了服用。

　　起初，他只是偶尔吃一次。但是，这一习惯不久就升级到了危险级别。菲尔开始每天都吃，并竭尽所能地掩盖这件事。他又开始填写假的处方，同时告诉大家一切都很好。

菲尔的家人知道这件事，但并不认为他是个吸毒者。在他们看来，吸毒者是指那些没有工作、需要偷窃以维持吸毒的人。只要菲尔还有工作，他们就觉得他迟早会改掉这个习惯。如果他遇到了合适的女孩，他一定会马上停下来。

不过，菲尔有一次因伪造处方这一重罪被捕。他丢掉了工作，搬回了父母家。随后，他不再服用维柯丁，而是升级为海洛因。

吸食海洛因之后，菲尔的生活急转直下，迅速失去了控制。随后，他又被逮捕了多次，还被判入狱90天。为了有钱买毒品，他开始行窃，不仅拿朋友和家人的钱，还从别处偷东西在当铺当掉。

菲尔的家人试图改变他。父亲朝他大喊，母亲在他面前大哭。他们乞求他，恳求他，甚至威胁要把他赶出去。他们把他送到附近的戒毒所，一家接一家，都是公立戒毒所，总共去了十九家。但是，都没有起到任何作用。

菲尔总是有办法说服家人将他接回去，让他们相信这次会不一样。他甚至说服父母和他签了一份协议，他保证自己会洗心革面，重新开始。但是，这一切只教会了他如何成为更擅长说谎的骗子。

菲尔的家人把能做的已经都做了，他们甚至在等他跌至谷底。但是，不管他们怎么做，菲尔都没有停止吸毒。他还是认为自己能够控制得住自己。

砾石与巨石

要想知道戒毒顾问是如何改变吸毒者的，我们需要先从别的领域入手，先了解一下行为科学家所区分的弱态度与强态度。

* * * * * *

你有多喜欢"朱瓦拉姆"（juvalamu）这个词？"查卡卡"（chakaka）呢？[①]

你可能会更喜欢"朱瓦拉姆"，大多数人都更喜欢这个词。当然，你也可能更喜欢"查卡卡"这个词。不过，你也可能对这两个词都不怎么在意。

人们对这些无意义的词汇表现出的就是弱态度。人们认为这些偏好或观点不是十分重要，不用进行深思熟虑。

----

① "juvalamu"和"chakaka"这两个词并没有实际意义。心理学家约翰·巴奇曾在一项研究中用过这两个词，发现人们没有真正中立的看法，说英语的人更喜欢"juvalamu"一词，更讨厌"chakaka"一词。

如果我告诉你"朱瓦拉姆"是位独裁者，他杀害了政敌，那么你可能会不再喜欢这个词。这一条信息就足以改变你的看法。

你觉得松树怎么样？质数呢？衬线字体与无衬线字体呢？大多数人对这些问题所持的都是弱态度。你对这些问题有一定的看法，但这对你而言并不那么重要，而且改变想法也相对容易。

我们可以做一下对比，看看你对不同政党或你所喜欢的球队是什么感觉，你对自己喜欢的啤酒品牌是什么感觉，你对流产持什么看法。

这些都是强态度的例子。对于这些问题、话题或偏好，你的参与度会很高，你会深思熟虑，甚至有很强的道德观念。你对这些不仅有见解，而且黑白分明。

强态度很难发生改变，这是显而易见的。

想象一下，你看到有一篇文章写到你最喜欢的一位名人说了一些带有种族歧视的话，你的第一反应是什么？你很可能会表示怀疑或对之置疑，认为这个人不可能是种族主义者。

这与听到"朱瓦拉姆"是独裁者不同，我们的反说服雷达系统会立刻保护我们的坚定信念。我们不会轻易放弃或改变想法，而是会不相信与我们的现有观点背道而驰的信息，并对其进行反驳，而非修正我们的观点。

有些问题、产品和行为需要更多的证据，人们才会做出改变，这就好比头痛欲裂的人需要药劲更强的药一样。

如果好朋友给你推荐一个新的网站，这条建议足以鼓励你看一看。你相信朋友的意见，而且上网看看也不费力，因此朋友的建议会促使你采取行动。

但是，如果你的朋友刚刚在房顶安装了太阳能电池板，加入了反对收入不平等的运动，尝试了一种有风险的治疗方法，或者开始在网上疯狂购物，这会促使你采取同样的做法吗？你可能不会。

公司考虑推行新的员工培训计划，或老板考虑采用新的管理策略时，你的反应也是如此。如果你听说另外一家公司在做相同的事情，这可能会有所帮助，但不足以引发行动。

对于强态度来说，改变想法的门槛更高，需要更多的信息、更多相似的特征、更高的确定性。人们需要看到更多的证据才会做出改变。

这时，改变想法有点像抬起跷跷板另一端的东西。

你究竟需要多少力量，取决于你要抬起的物体的重量。如果你要抬起一块砾石，那么你就不需要多大力量。但是，如果你要抬起一块巨石，就需要更多的努力。

理解上的问题

面对巨石，最常见的应对方法是加大力气。

现实生活也同样如此，如果你的爱人不喜欢那个更贵的度假套餐，你就再劝劝她，如果你的客户还在犹豫是否要下单，你就一周后再打个电话。

实际上，有时候，跟进是有用的。

广告研究发现，多次接触有助于人们采取行动。消费者第一次看到某个广告时可能不会在意，但第二次、第三次甚至第四次看到时，他们就会关注更多的信息，开始不同的思考。

但是，如果一个电视广告被播放了无数次，任何人再次看到时都想离开，那么多次接触也存在一定的弊端。再比如，一次又一次地聆听相同的演讲会让人觉得非常无聊、乏味，而且令人讨厌，因为听众已经知道后面要说什么了。

想要说服别人的人经常会通过变换形式来解决这个问题，比如：营销人员用一个广告表现产品的一个特征，再用另一个广告表现另一个特征；销售人员在第一次致电客户时会强调产品的一种好处，在第二次致电时会强调另一种好处。

不幸的是，这种方法往往最终都以失败告终。销售人员认为，他们提供了"更多的背景信息"或"很多甜头"，但对听者而言，这只是同一话术的不同版本，只是引发反感的又一次说服尝试。如果听者第一次没有被说服，那么现在他们更不可能被说服了。

反复说服之所以达不到效果，还有另一个更为微妙的原因，那就是理解上的问题。

* * * * * *

想象一下，周一早上一位同事来到办公室后，告诉你她周末看了一部特别好看的电视剧，对话很犀利，情节引人入胜，表演也很出色，她只看了第一集就非常喜欢，觉得你也会喜欢。

这个同事相当于在跷跷板的另一端增加了一些重量。她提供的证据能否促使你采取行动，主要取决于你做出改变的门槛有多高，或者说你对电视剧的态度如何。如果你对此的偏好像一块砾石，那么只要有一点证据就够了，你会立刻做出改变，去看这部电视剧。如果你的偏好更像一块巨石，那么你会考虑同事的推荐，但这还不足以吸引你去看这部电视剧，你可能不会采取任何行动。

结果，到了周四，这个同事又看了一集电视剧，她仍然充满热情，兴高采烈地说："第二集也一样好看！我等不及要看下一集了！"

　　她的热情并非毫无意义，毕竟一般来说，每部电视剧的第一集都很精彩，后面的就不一定了。

　　即便如此，知道她仍然喜欢第二集也并不会增加太多的信息。如果她第一次提及未能促使你采取行动，那么第二次提及可能也不会达到效果。这是因为当某人公开支持或推荐某物时，总会存在理解上的问题。

　　当同事说某部电视剧好看时，这可能意味着这部电视剧真的非常棒，但也可能只反映出这位同事很喜欢看这部电视剧或这种类型的电视剧。

　　人们听到某条建议时会加以理解，品味一下这条建议的实际含义。人们会考虑这条建议事关被推荐之物，还是仅仅反映了推荐者的喜好。

　　不过，即使对方没有总推荐这部电视剧，也会出现另一个问题——没错，她很喜欢这部电视剧，但这就意味着我也会喜欢吗？

　　影响力不仅取决于可信度，还有一个合不合适的问题。人们的喜好是不同的：有些人喜欢情景喜剧，有些人讨厌它们；有些人喜欢爱情片，有些人觉得无法忍受。

　　所以，每当人们被推荐了什么，或是看到别人在做什么或喜欢什么时，人们都会试图弄清楚（也就是理解）这对他们自己来说意味着什么。比如：那个人的建议有什么有用的信息？与自己有什么关系？

并非所有的事情都存在这种理解上的问题。如果有人告诉你某个比赛的最终得分，或是谁赢得了选举，你都无须去费力理解。最终得分就是最终得分，选举的赢家就是选举的赢家，这些都是事实，是客观的信息。

如果涉及改变想法，理解就会起到作用了。并非每个人都有相同的爱好和信仰，对某个人或某个组织有效的方法不一定适用于另一个人或另一个组织。这些事情都是主观的，而非客观的。

那么，我们该如何解决理解上的问题呢?

戒　　毒

2005年，在阵亡将士纪念日那天上午，菲尔睁开眼睛，翻身下了床。他出门吸毒去了。

大约中午的时候，他回到家里，满面油光，一看就是吸了海洛因。他的父母及家人都坐在客厅里。他的兄弟姐妹，甚至一些邻居都来了，总共有十二个人，都是和菲尔比较亲近的人。

此外，还有两个陌生人，菲尔并不认识，其中一位是戒毒干预顾问。

菲尔十分生气，感觉自己被出卖了，他甚至想冲出房间。

他的家人开口说话了。他们分别写了信，告诉菲尔他们有多爱他，多关心他，但是他的举动伤了所有人的心。

他们读自己写的信，每封信都很真诚，很有力量。他们说自己有多爱菲尔，听说他吸毒后有多难过。他们很关心他，想看到原来那个菲尔。

对于菲尔来说，家就是一切。他看到自己正把家里搞得四分五裂，父母因为他而吵架，弟弟发现菲尔在的时候就不想回家。

他们说："如果你继续吸毒，我们无法阻止你，但是，我们这里不再欢迎你。"

菲尔的块头很大，父母担心他会把所有人打跑。菲尔的母亲说，菲尔不会再去康复中心了，菲尔是大家见过的最固执的人。戒毒干预顾问从菲尔母亲那里听到的菲尔的借口比他一个月内从五十个吸毒者那里听到的都多。

菲尔不必非得寻求治疗，他本可以继续吸毒，继续行窃，继续做那些与吸毒有关的可怕事情，但是当菲尔看到在座的所有人时，心里还是受到了影响。听到他们都有同样的感受，让他有了触动。他们迫使菲尔注意到自己的问题，意识到他的行为影响了周围的人，认识到这件事伤害了他的家人，真正地知道自己是一个吸毒者。

他的母亲此前曾无数次想让他戒毒，菲尔都会抵抗，但这次不同，菲尔不再坚持，而是接受了帮助。

* * * * *

戒毒干预顾问通常是最后一道防线，他们一般只处理最棘手的问题。如果吸毒者到了他们这里，一般来说，几乎所有的方法都试过了。如果这个人的想法很容易改变，那么他就不会走到这一步了，这说明不管是命令、乞求、大喊大叫，还是威胁，一切都无济于事。

干预并不是万能的。要想让吸毒者做出改变，就必须改变他们的整个生态系统。因为没有意识到这一点，吸毒者的朋友和家人可能无意间促成了这件事。因此，要想让改变能够持久，就必须改变吸毒者的整个生态系统。

但是，在适当的情况下，干预作为解决方案的一部分，会起到积极的作用，成为吸毒者迈向健康的第一步，因为干预解决了理解上的问题，它有助于解决一个症结，即吸毒者认为自己没有问题。大多数吸毒者都会否认自己的问题，他们认为自己不需要改变。

对于酗酒者或吸毒者来说，其中一个挑战就是他们可能不记得自己做过的事。如果有人说："戴夫，你可能有点问题。昨天晚上，你朝我大吼大叫，一直开车绕着路灯转。"戴夫可能会说他不知道这件事，这不是他蓄意为之，而是因为他真的失去了这段记忆，他不记得自己做过的事了。

但是，事情不止于此。

即使戴夫记得发生的事，他也存在信念上的挑战。身为干预理论的先驱，弗农·E.约翰逊博士指出："合理化和投射效应会阻止对化学物质上瘾的人意识到这种疾病的存在。它们使酗酒者或吸毒者脱离现实，最终使他们无法理解问题的存在。"

换句话说，大多数上瘾者都认为自己没有问题，否则他们早就采取行动去改变了。如果上瘾者不认为自己有问题，那么别人指出这个问题，能改变他们的想法吗？

如果只有一个人指出了这个问题，我们很容易低估他的说法，我们会认为这个人才有问题。不过，要低估一群人的意见，就比较难了。

群体有足够的分量撼动一个人。如果有很多朋友和家人都坐在那里说问题的存在，那么上瘾者就很难认为他们都有偏见，都受到了误导。尽管上瘾者可能不同意他们的说法，但看到他们每个人都这么说，就很难不去考虑一下他们所说的内容，最终也很难不去寻求治疗。

人多力量大

从吸毒到饮食失调，再到赌博和酗酒，干预措施有助于人们承认自己有问题。这些措施能够让上瘾者不再矢口否认，而是开始思考自己的行为可能会带来哪些负面结果。

人多的力量不只体现在戒瘾上。董事会一般会等同领域的多家公司采取新做法后再尝试；医生一般会等多位同事开过新药后再开给病人；公司会等同行试过供应链技术和管理策略之后再投入使用。

如果有多个人说了或做了同一件事，理解上的问题就会迎刃而解。但是，如果只有一个人或少数几个人提出建议或采取行动，那么理解上的问题并不会解决，因为人们很难知道他们的意见是否具有判断意义，也很难知道他们的反应对自己来说意味着什么。

不过，如果消息来自多个渠道，那么人们就很难不听。如果很多人都在异口同声地说同一件事，并且持有相同的观点或偏好，做出了相同的反应，那么你也很有可能会有同感。因为你很难说这么多人都是错的，也很难说他们的建议或推荐没有任何好处。

多个信息来源还会提高可信度和合理性，增加人们认可的期望，同时减少尴尬或降低被拒绝的风险。

我们可以说某个人的口味比较怪，但两个人、五个人、十个人都是如此呢？表达同一观点的人越多，提供的证据就越多，就更可能反映事物本身的问题，而非当事人自己的喜好，其他人喜欢的可能性也会更大。

正如人们常说：“如果有一个人说你长了尾巴，你会大笑，认为他疯了。但是，如果有三个人都说你长了尾巴，你就会回头去看自己是不是真的长了尾巴。”

＊　＊　＊　＊　＊　＊

有更多的人做同一件事或者说同一件事，会提供更多的证据。不过，这些人是谁，以及他们在何时分享观点，这两点也很重要。

在寻找补强证据时，一定要考虑以下三个问题，它们尤为重要。这三个问题是：1）需要谁参与进来？（哪些信息来源最具影响力）2）提供补强证据的时间间隔是多少？（时机之道）3）在试图激发更大范围的改变时，如何更好地部署稀缺资源？（何时集中或分散稀有资源）

哪些信息来源最具影响力

补强证据可以通过社会强化来改变人们的想法。那么，在这一过程中谁的影响力最大？是所有人的权重都一样，还是某些人提供的证据更具说服力？

2001年末，澳大利亚墨尔本乐卓博大学的学生参加了一项试验。

这项试验的目的在于研究人们对音频的反应。在研究人员的指引下，学生们来到实验室，坐在桌子旁，戴上耳机。研究人员告诉他们，他们将会听一些录音，并对其做出判断。

研究人员的兴趣在于知道什么使人发笑，尤其是与笑有关的社会影响因素是什么。

研究人员让受试者听脱口秀演员的现场录音，其中有些受试者听到的录音中加入了预先录制的笑声。人们觉得哪些地方搞笑似乎完全是主观的，但是听到预先录制的笑声有助于触发人们的笑点。（像《宋飞正传》和《老友记》之类的传统情景喜剧就经常使用预先录制的笑声来吸引现场观众和在家观看的人们一起大笑。）

不出所料，预先录制的笑声产生了效果。研究人员透过双向镜仔细地观察受试者的反应，他们发现，受试者听到别人的笑声时更有可能被脱口秀演员的包袱逗乐。

除加入预先录制的笑声以外，研究人员还控制了另外一个因素，那就是受试者会知道那些笑的人是谁。

其中一组受试者得知，那些笑的人和他们一样，也是乐卓博大学的学生。

另外一组受试者得知，笑声来自政客，而且来自他们不认同的政党。

虽然笑声听起来完全一样，但笑的人是谁也会影响受试者的反应。如果受试者认为那些笑的人和他们不是一类人，那么这些人笑不笑实际上并不重要，他们的笑不会改变受试者的行为，受试者的反应与没有插入预先录制的笑声时一样。但是，如果受试者认为那些笑的人和他们是一类人，那么他们的行为就会发生改变，他们笑的总时长将是原来的四倍。

＊　＊　＊　＊　＊　＊

大量研究发现，相似性很重要。如果和我同类的人认为某个笑话很搞笑，我可能也会觉得很搞笑。但是，如果这个人和我并非一类人，那么他觉得搞笑与我会做出什么反应关系不大。也就是说，一个与我越相似的人，他的经验、偏好和观点作为信息来源就越具有借鉴意义。

假设你正在网上找酒店，你想知道的并不只是酒店评价是否很高，你还想知道这家酒店是否在同类人中获得了很高的评价。如果你和爱人带两个小孩出游，那么你可能会选其他家庭推荐的酒店，22岁时髦青年的推荐就没有那么有用了。如果22岁的时髦青年很喜欢某家酒店，你甚至可能不会考虑这家酒店。同理，如果你是一个22岁的时髦青年，对于拖家带口的人的建议，你可能也不会考虑。

换句话说，如果一件事不怎么需要费力理解，那么在理解上就不存在什么大的问题。如果需要费力理解，你最好看看同类人怎么做，也就是那些与你面临相同问题或挑战的人、有同样需求的人怎么做，比如参考一下同一个垂直领域的其他公司怎么做。他们与你越相似，他们提供的证据或补强证据就越有说服力，其影响也就越大。

假设你是阿什顿，一个刚刚毕业的大学生，有酗酒问题。你很容易认为自己不是酗酒者，因为在你看来，"酒鬼"一词与你一点儿都不搭。你认为"酒鬼"应该是那些因酗酒而失去了一切的人，他们无家可归，找不到工作，也没有任何朋友。

你的生活可能与之完全不符，你有一个充满爱的家庭，有很多好朋友，未来一片光明。尽管你最近有一次酒驾记录，经常喝得烂醉如泥，不喝酒时会很烦躁，但你认为自己绝对不是你所认为的那种"酒鬼"。你心想，谁没有这样的经历呢？

因此，你觉得参加"嗜酒者互诫协会"这样的康复小组是在浪费时间，它们并不适用于你，因为在你的意识中，参加这种康复小组的人和你没有丝毫的相似之处。

如果你为了安抚父母的情绪，偶尔参加了一次这样的聚会，你的第一评价可能也是你原先的判断是对的。你在聚会上看到一个人看似无家可归，还有一个人身体抖个不停。你心想，自己和他们一点儿都不像，自己没有他们这些问题。

不过，怎么还有位医生？他在这里干什么？天哪，怎么还有个法官？你看到了一些成功人士，看到了拥有高学历和高薪工作的人，看到了那些你想成为的人，看到了与你相似的人也在这个聚会上寻求戒酒帮助。

当你看到同类人（或者你渴望成为的人）也有酗酒问题时，你就很难闭耳不听他们的话，最终也很难不做出改变。

* * * * * *

除相似性外，还有一个因素可以起作用。

近年，荷兰的一位研究人员调查了社会关系对政治捐款的影响。捐款是政治竞选活动的重要组成部分，候选人需要花钱刊登广告，支付人工费用，还有四处造访的交通费。但是，筹集竞选资金并不容易，人们一则很忙，没时间捐款，二则担心自己支持的候选人最终会落选。那么该如何鼓励更多的人捐款呢？

这位研究人员研究了5万多名潜在的捐款人，希望弄清楚一个人捐款的可能性与他认识的人是否捐款有多大的关系。也就是说，如果某人的朋友、家人或同事给某位候选人捐了款，他是否更有可能给这位候选人捐款呢？

捐款会受到社会关系的影响，这不足为奇。如果人们认识的人已经给某位候选人捐了款，他们很有可能会照做。

此外，认识多少捐款人也很重要，这一点与补强证据是一致的。某人认识的捐款人越多，他捐款的可能性就越大。也就是说，认识更多的捐款人会提高捐款的可能性。

除认识捐款人的数量外，捐款人之间的关系也会起到一定的作用。

假设你正在考虑要不要捐款，你发现有两位朋友已经捐款了。对于下面两种情况，哪一种你更有可能捐款呢？一是这两位朋友彼此认识，并且属于同一个社会团体；二是他们彼此不认识，并且完全独立。

众所周知，对于改变想法而言，相似性很重要，但事实证明，多样性也同样重要。如果你认识的这两位捐款人来自不同的独立团体，那么你更有可能捐款。比如，他们一位是家人，另一位是同事，那么你捐款的可能性会是原来的两倍以上。但是，如果他们都是家人或都是同事，那么人数的增加不会对你产生多大的影响。

这是因为，有影响的不只是做这件事的人有多少，他们是否会提供额外信息也很重要。

有更多的人在做某事或支持某事会提供补强证据，但是来自同一群体的重复信号就可能是多余的。比如，如果两个喜欢看喜剧的朋友都说某部喜剧很好看，那么你很可能不会放在心上，因为他们属于同一类人。如果这两个人还是好朋友，你可能会认为其中一个人告诉了另外一个人，你就更不会做出什么改变。

但是，如果他们的品位不同，或来自不同的生活领域，那么第二个人提供的就属于补强证据。

总而言之，我们认为信息的来源越独立，它们提供的证据的强化作用就越大。

* * * * * *

从表面上看，相似性和多样性似乎是矛盾的，毕竟它们从某种程度上看似相反。如果多个信息来源都与某个人或某个组织相关，那么它们的多样性看起来就会降低。

但是我要说的是，事实并不一定如此。

以你的朋友为例，你的每个朋友可能都和你有一点相似的地方，但又各有不同。比如，有个朋友可能和你喜欢一样的音乐，另一个朋友可能和你有相同的政治倾向，两个朋友都和你相似，但相似点并不相同。

公司也是如此。有的公司和你的公司规模相同，有的公司和你的公司业务相同，两家公司都和你的公司相似，但相似点并不相同。

所以，相似性和多样性也是可以达成统一战线的。

有些公司很聪明，它们不会使劲推动潜在客户，而是把交谈的任务交给现有客户。它们会举办诸如晚宴之类的活动，潜在客户除了聆听专业人士讲话或观看演示，还可以与现有客户互动，透过外部人士的客观视角看看与该公司合作是什么样子。

那么，如何安排潜在客户在晚宴上的座位呢？如何更好地改变他们的想法呢？在思考这些问题时，相似性和多样性同等重要。公司可以把潜在客户安排在与他们同行业的现有客户和与他们不同行业但规模相似的客户之间，鼓励这些客户进行交谈。这样一来，潜在客户既可以与一个拥有类似需求的现有客户交谈，也可以与一个有不同需求的现有客户交谈。

信息来源既要与目标客户足够相似，又要彼此不同，这才是最完美的组合。相似的信息来源会让反馈看起来具有相关性和判断意义，独立的信息来源会提高每个人都提供附加价值而非多余信息的可能性。

时机之道

正确搭配信息来源可以提供更多的证据，但我们也要了解何时使用才会产生最大的影响力，这一点也很重要。

* * * * * *

干预是改变吸毒者的一个有力工具，可以让他们寻求治疗，戒掉毒瘾。谈到干预的价值，就引出了一个有趣的问题。

在大多数情况下，吸毒者的朋友和家人都曾在不同的时刻分别表达了他们对吸毒者的担忧，或对其提出要求，或令其采取改变措施。他们可能会在干预过程中说一些之前没说过的话，但吸毒者可能早已知晓他们的意图了。

既然吸毒者已经接触过这些信息，为什么他们还没有改变呢？换句话说，干预因什么不同之处而更加有效呢？

其中一个可能的因素在于干预顾问。这些干预顾问接受过专门的培训，知道如何实施干预方法，以达到最佳效果。他们极为擅长制订计划，组建合适的团队，指导吸毒者的朋友和家人给吸毒者写信。

还有一个因素在于情感的表达方式。干预顾问鼓励干预参与者用吸毒者易于接受的方式让吸毒者认清现实，不要大喊大叫地试图惩罚吸毒者，不要主观地论断他们，而要用爱心和同情心说话，让他们知道别人有多关心他们。

这两方面当然很重要，但还有一点值得一提。要进行干预，就不要把战线拉长至数月甚至数年，而要压缩一切，同时集中多个信息源，一次性全部用上。

* * * * * *

几年前，我和同事拉古·延加分析了一家新网站的用户增长情况。与很多新网站一样，这家网站没有多少钱投放广告，所以该网站选择利用现有用户做宣传。网站的每个现有用户都可以在脸书上向朋友发送邀请，我们分析了这些邀请对潜在用户的影响，即他们是否会因此成为该网站的新用户。

我们认为，获得邀请越多的人，越有可能成为新用户，这与补强证据的效果一致。举个例子，与仅收到一次邀请相比，获得两次邀请的潜在用户成为新用户的可能性几乎提高了一倍。

除收到邀请次数外，何时收到邀请也很重要。可以说，收到不同邀请的时间间隔越近，它们的共同影响力就越大。

要想知道其中的原因，我们可以回到同事推荐电视剧的那个例子中。如果同事告诉你她有多喜欢某部电视剧，第二天又有一位同事说了类似的话，那么你至少会考虑一下这部电视剧怎么样。

但是，如果将口碑效应分散开来，效果就会消失。

如果一位同事今天说某部电视剧很好看，另一位同事在三周后又推荐了这部电视剧，那么你采取行动的可能性就会很小，因为从你第一次听说这部电视剧开始已经有一段时间了，你可能都要将其淡忘了，或者在这期间你还听说了一些其他好看的电视剧。

研究毒瘾的科学家发现，即使有多个朋友和家人试图改变吸毒者，他们的努力往往也是分散的。一位朋友发现某些异常的行为后，可能会随便评论几句。两个月后，又有一位朋友说了几句。只有吸毒者发生比较严重的事情（比如出事故或被逮捕）时，他们之间才会进行更直接的对话。

较长的时间间隔会削弱影响力。如果吸毒者的两位朋友在不同的时间说了不同的话，吸毒者很容易将其视为互不相连的两件事，并对之不屑一顾。吸毒者会逐渐忘记发生过这些事，或在下次别人说起时，上一次的影响力已经微乎其微了。

我和同事在分析网站的用户增长时发现了类似的情况。每份邀请都是一个说明这家网站很好或值得注册的证明。但是，随着时间的流逝，这些证据好像逐渐消失或蒸发了，就像水从炙热的马路上蒸发掉一样。下一次邀请和上一次邀请的时间间隔越长，上一次邀请剩下的影响力就越小。一个月后，邀请的影响力仅为当初的20%。两个月后，影响力就消失殆尽了，好像从来没有邀请一样。[2]

集中火力可以缓解影响力下降的趋势。就像同时从几个家人那里听到相同的话有助于采取行动一样，我们发现，在较短的时间内收到多次邀请也会催生改变。

如果其中一个人很快收到了两次邀请，另外一个人隔了一两个月

---

[2]　也就是说，邀请的影响力会迅速降低，每个月都会损失近80%的影响力。

才收到第二次邀请，那么前者成为网站新用户的可能性要比后者高出50%以上。

*   *   *   *   *   *

在试图改变别人的想法时，并非所有的证据都是平等的，但把这些证据集中起来可以提高影响力。

比如，想要提高一项新服务或重要公益事业的关注度，就一定要保证不同的媒体报道接连不断地出现，以便潜在的支持者能在短时间内接收到多次。

我们做的另外一项研究发现，对于迫在眉睫的社会问题，比如性侵，如果让人们在短时间内看到多篇相关文章或多个报道，会有更多的人采取行动，会有更多的人签署请愿书，以帮助性侵的受害者，相应的捐款也会增加。

想改变老板的想法吗？具有催化能力的人去过老板办公室之后，会鼓励同事们立即提出相似的建议，因为集中力量可以提高影响力。

何时集中或分散稀缺资源

在试图改变一个人的想法时，集中力量很有帮助。这个方法也可以用来激发更大范围内的改变，比如改变一个机构，成功发起社会运动，让产品、思想和行为风靡起来。

＊　＊　＊　＊　＊　＊

以一家想吸引顾客的家居用品创业公司为例，不管时间、金钱还是人力，它拥有的资源都是有限的，因此它必须在广度和深度营销之间做好权衡。是把资源分散开来，在十个不同的市场投放广告，在每个市场上对准少量的潜在客户，还是集中资源覆盖一个市场的大量潜在客户，然后以此为阵地向周边市场扩展呢？

发起社会运动也是如此。通常来说，发起者往往没有足够的资源立刻在每个城市举办活动，因此必须权衡取舍，考虑是集中资源在一两个城市举办多场活动，还是将资源分散到不同的城市。

这两种策略可以分别被称为"花洒策略"和"消防水带策略"。

花洒会将水慢慢喷洒出来，这里一点儿，那里一点儿，在较短的时间内覆盖较广的范围。虽然每个地方洒的水不多，但基本都被关注到了。

消防水带的力量则很集中。如果想给多个区域浇水，只能一个一个来，先集中某一个区域，浇好后再前往下一个区域。

传统观点认为花洒策略更好，因为它可以更广泛地提高人们的意识，分散风险，增加先发优势的可能性。

如果前面提到的这家家居用品创业公司最终希望在十个市场上建立客户群，那么分散资源这种策略似乎更好。但是，传统观点对吗？花洒策略会一直奏效吗？

实际上，这要视情况而定，运用何种策略取决于你要改变的对象持有的是弱态度还是强态度，是砾石还是巨石。

* * * * * *

以纽约和洛杉矶这两个城市为例。方便起见，我们假设每个城市只有四个人，纽约有A、B、C、D四个人，洛杉矶有E、F、G、H四个人，如图5-1所示。在现实生活中，住得近的人往往关系更紧密，我们在此也这样假设，即同一城市的人紧密相连，不同城市的人之间没有这种关系。与现实生活一样，人们会与朋友分享事物，如果一个人知道了某件事，他会告诉他认识的人。

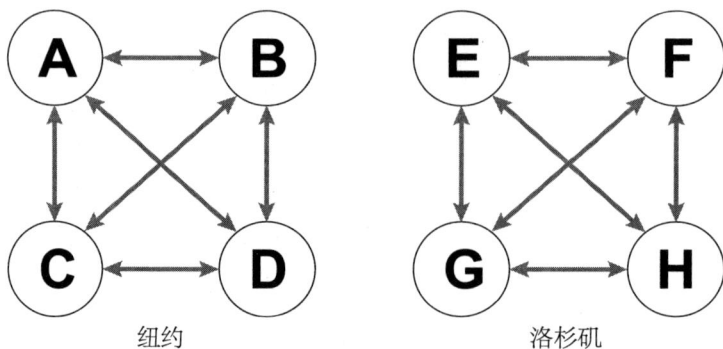

纽约　　　　　　　　　　　　洛杉矶

图5-1　纽约与洛杉矶人员分配

如果我们手中的资源只够覆盖两个人，哪种方法更好呢？是分散资源，在每个市场对准一个人，还是集中资源覆盖同一城市的两个人呢？

对于弱态度而言，也就是面对砾石，仅需一点证据就可以引发改变，这时花洒策略效果最佳，如图5-2所示。人们会向朋友传达这条信息，所以每个市场有一个人知道了，最终所有人就都知道了。举个例子，纽约的A知道后会告诉B、C、D，洛杉矶的E知道后会告诉F、G、H。

如果仅用一点证据就足以改变想法，那么只要听A说了，纽约的每个人就都会做出改变。因此，在面对弱态度时，使用花洒策略分散资源，将其对准每个市场的少部分人即可，这样做是行得通的。

在这种情况下，集中资源将是一种浪费，使用消防水带策略会让资源白白流失。

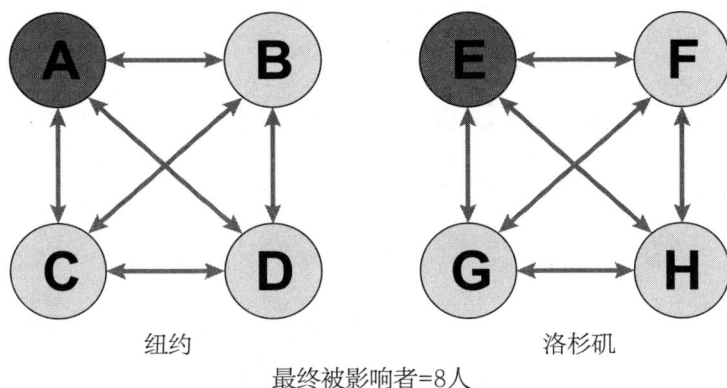

纽约　　　　　　　　　　　　洛杉矶

最终被影响者=8人

图5-2　花洒策略对弱态度（砾石）的有效性

但是，如果人们需要补强证据，情况会如何呢？也就是说，如果人们需要接触多个信息来源才会改变，该怎么办呢？

对于强态度而言，也就是面对巨石，人们需要更多的证据，这时花洒策略不会产生太大的作用。纽约的A听说后仍会告诉B、C、D，洛杉矶的E听说后也会告诉F、G、H，但是由于人们需要接触多个信息来源才会改变，因此仅有A和E的声音是不够的，如图5-3所示。

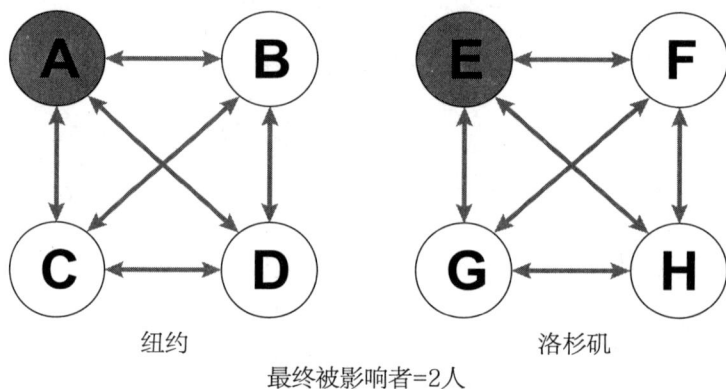

纽约　　　　　　　　　　　　　　洛杉矶

最终被影响者=2人

图5-3　花洒策略对强态度（巨石）的无效性

因此，如果需要更多的补强证据，消防水带策略更为有效；如图5-4所示。在这种情况下，不要在两个市场各对准一个人（A和E），而要将所有资源集中在一个城市的两个人（如纽约的A和B）。这两个人都会告诉他们的朋友（C和D），他们的朋友也愿意为之做出改变。虽然进入第二个市场需要更多的时间和资源，但是在这种情况下消防水带策略会提供足够的证据来让更多的人做出改变。

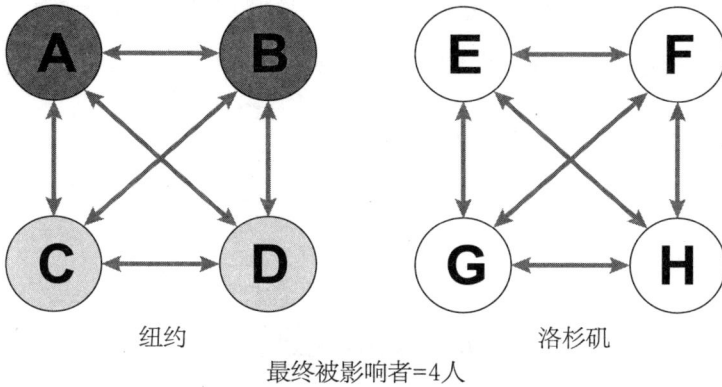

纽约　　　　　　　　　　　洛杉矶

最终被影响者=4人

图5-4　消防水带策略对强态度（巨石）的有效性

以上也适用于同一区域的个人或组织。个人和组织可以分成不同的部分，比如不同的群体或类型。就像城市与城市一样，群体内部的社会关系往往比群体之间的社会关系更牢固。比如：青少年往往会和其他同龄人交朋友，妈妈们往往一起逛街；会计部门同事之间的交流要多于与营销部门同事的交流，人力资源部门同事之间的交流要多于与IT部门同事的交流。

究竟是把资源集中在一个群体，还是将其分散到两个或更多的群体，这取决于改变的门槛。

如果一点证据就足以引发行动做出改变，那么花洒策略便是理想的选择，因为这种策略可以同时覆盖多个群体，不用在意覆盖深度如何。

如果需要补强证据才能引发行动做出改变，集中资源会变得更加重要。比如：先对准青少年，然后才是妈妈们；先对准会计部门，然后才是市场营销部门。当人们需要接触多个信息来源时，我们可以创建社交孵化器，提高人们做出改变的可能性。

砾石还是巨石

试图改变别人的想法时，要首先区分你要抬起的是砾石还是巨石，这一点很重要。我们需要判断哪些态度、观点、产品、服务、行为、想法和倡议只需要一点证据就能改变，哪些则需要更多的证据。

比如说，政治观点比字体偏好更难改变，至少大多数人都是如此。与购买哪种办公用纸相比，公司使用何种办公软件更难改变。即使是诸如品牌之类的东西，其改变的难易程度也取决于品类。人们对汽水的偏好要比洗洁精更难改变，人们对汽车品牌的态度比纸巾更强硬。

要想知道眼前的问题更像砾石还是巨石，可以想一想改变的难易程度。东西越昂贵，越耗时，风险越大，越有争议，那么它属于砾石的可能性就越小，属于巨石的可能性就越大，而后者需要更多的证据才会改变。

以价格为例，想让人们购买9美元的订书机应该不会太难，同事的推荐或博客上的一个帖子就足够了。但是，耗资900万美元的数字化转型呢？那就需要更多的证据了。

风险也是如此。风险越大，财务成本越高，人们需要的证据就越多。

移动巨石很难，但不是不可能。像干预顾问一样，我们需要寻找补强证据来解决理解上的问题。需要的证据越多，信息来源的数量就越重要。我们需要找到相似而又多样的信息来源，让其提供一致的观点，并及时集中利用资源，以免效果蒸发。如果想大范围地引发改变，我们需要思考是集中还是分散稀缺资源。巨石越大，消防水带策略就比花洒策略越有效。

* * * * * *

再回到前面的例子，菲尔成功戒毒后，一直致力于帮助他人戒毒。他成为了一名干预顾问，帮助很多人成功地戒毒或戒酒。

戒毒通常不是一个人可以独自完成的事，他们需要帮手，正如菲尔所说：

"我帮助过的很多人都是大学毕业生，他们成就了一番事业，十分出色。我的意思是，这些吸毒者和酗酒者都极富爱心，乐于助人，头脑聪明。他们的家人很疑惑，他们在生活的其他方面做得这么好，为什么就无法战胜毒瘾或酒瘾呢？这其实是上瘾，是一种病，是在面对自己无法独自战胜的敌人。"

改变别人的想法也是如此。

■ **案例分析**

如何改变消费者的行为

　　如何同时消除本书所讲的五种障碍呢？我们来看一下美国历史上最杰出的一次营销活动，它与动物内脏有关。

　　在美国，没有什么是比动物内脏更令人抗拒的食物了，但1943年美国政府不得不说服爱吃肉的美国人放弃牛排，开始烹饪牛脑和牛腰子，还要为此感到自豪。

＊　＊　＊　＊　＊　＊

　　1943年1月，美国刚刚加入第二次世界大战一年多，时任美国总统赫伯特·胡佛在一本有关食品与营养的杂志上撰文，针对美国当时面临的一项特殊威胁发出了严厉警告，那就是肉类供应。他写道："在这场战争中，肉类和脂肪与坦克和飞机一样，都是军需品……我们的农场养殖牲畜的劳动力不足，而最重要的是，我们必须给英国和苏联提供物资。"

　　食物不仅与营养有关，还事关国家安全。在第一次世界大战期间，胡佛曾担任美国食品管理局局长，他深知在远离战场的地方也有仗要打。为了获胜，盟军需要给士兵提供有营养的食物。战争已经破坏了欧洲大部分的食品供应，所以美国不仅要给自己的士兵提供食物，还要兼顾盟军。

但是，要给如此多的士兵提供有营养的食物，就要减少美国国内的供给。随着越来越多的牛肉和猪肉被运往其他国家，美国国内的肉类很快和奶酪与黄油一样成为定量供给食品。

这严重地打击了美国人的饮食习惯。当时，红肉是人们主要的能量来源，尤其是在工人当中，只有餐桌上有红肉，才算是一顿正餐。

美国政府认为，必须改变美国人对吃肉的看法，把他们的食物焦点从牛排、烤肉和猪排转移到士兵们不会吃的"非优质肉类"，比如动物的胰脏、心、肝、舌及其他人们之前不怎么吃的动物内脏上。

借助于蓬勃发展的广告业，美国政府开始大力宣传。政府开始举办各种讲座，宣扬动物内脏成本低，营养价值高。五颜六色的海报和小册子高举爱国主义的旗帜，上面写着："肉类是战时必需品，美国人要学会分享！""我们少吃点儿，士兵们就会有足够的口粮。"

这些口号简洁优美，令人振奋，号召美国人扩大食物来源，为赢得战争做出贡献。此外，广告中还有面带笑容的家庭主妇的照片，她们把盛着肝糕的碟子端给心爱的丈夫和儿子。各种颜色的海报打着问号，询问人们是否已经尽了全力。

令人遗憾的是，在大多数情况下，这些努力都没有产生效果。这并不是说人们不关心在外作战的士兵，也不是说人们不知道动物内脏也是有营养的。人们非常关心士兵们，也知道动物内脏很有营养，但就是不改变自己的行为，人们对动物内脏的食用量几乎没有变化。

美国政府到底该如何改变美国人对动物内脏的看法呢？

* * * * * *

为了改变美国人吃肉的习惯，美国国防部成立了首批饮食习惯委员会，心理学家库尔特·勒温受邀成为该委员会的成员。

人们把勒温视为社会心理学的奠基人。他曾在德国学习，1933年移居美国，以躲避上台的纳粹。他极为擅长将日常问题转化为巧妙的心理实验，研究心理学在改变世界的过程中所扮演的重要角色。

1942年之前，政府改变舆论的努力往往依赖于教育和情感。政府认为：清楚、正确地摆出事实，公众肯定会有同感，会被打动，会被说服；告诉人们该怎么做，把政府想让人们做的事与他们关心的事联系起来，比如爱国主义，人们就会采取行动做出改变。

勒温研究了当时的情况，采取了与众不同的策略。强调营养膳食和爱国主义这些激励措施没有什么问题，但它们似乎并不是改变人们行为的最有效的方法。勒温并没有试图说服人们，也没有提出"怎么能说服美国人吃动物内脏"这个问题，他问了另外的问题，这些问题与我们在本书中一直问的问题十分类似——为什么人们不吃动物内脏？是什么阻止了人们？

通过访谈、观察和数据统计，他发现了阻止人们食用动物内脏的主要障碍。

第一个是形式问题。政府之前的种种做法主要是告诉人们该怎么做，要求美国人将"优质的肉类"当作战时必需品献给士兵迎合了人们的爱国主义精神，但这并没有让人们觉得自己在此事上还有其他选择，所以无法促使人们立刻改变自己的行为。

第二个是美国人显然已经习惯了原来的饮食结构。他们喜欢吃牛排、猪排及其他以前常吃的食物，他们不想改变。

第三个是要求太高。早期的宣传活动大多有种孤注一掷的感觉，似乎在劝说人们只吃动物内脏，并且鼓励人们每周食用多次。对于这种重大改变，大多数家庭都会拒绝。

第四个是不确定性很大。美国的家庭主妇们大多之前没烹饪过动物内脏，不知道牛脑的味道如何，也不知道如何烹饪牛腰子。因为陌生，所以她们不会冒险给家人做着吃。

第五个是大多数人认为像他们这样的人不会吃动物内脏。有些人认为，动物器官是无用的残余物，应该丢弃。还有些人认为，动物内脏只适合农民或社会经济地位较低的人吃。

知道有这些障碍之后，勒温所在的委员会不再使用原来的广告去劝服人们。相反，他们把精力放在消除这些障碍上。

为了削弱不确定性，他们试图扩大动物内脏的普及面，凡是出售动物内脏的地方都会提供食谱和烹饪方法。他们建议人们将动物内脏与熟悉的食物一起烹饪，做法和普通肉类相同。1943年的一篇文章说："丈夫们都会喜欢牛排腰子派。"

为了拉近人们的立场与政府的期望之间的距离，勒温的团队只是对人们提出了较小的要求。他们并没有要求人们每天都吃牛脑，而是让人们时不时地尝一尝动物内脏。为了增加吃法，他们建议人们可以把动物内脏切碎，加到牛肉馅或香肠里。

为了减轻禀赋效应，勒温的团队指出了不采取行动进行改变的代价，比如坚持吃牛排和猪排对战争不利。

为了化解心理抗拒，让人们自愿改变，勒温组织了小组讨论，而不是开办讲座。他没有告诉家庭主妇们应该怎么做，而是把她们召集在一起，让她们各抒己见。比如，家庭主妇们会被问道："身为家庭主妇，你们觉得应该如何克服障碍？"

这些讨论提供了补强证据，家庭主妇们可以知道其他人是如何解决这个问题的——身为妻子和母亲，她们应如何克服不确定性为战争做出贡献。

讨论结束时，小组负责人会做一个快速调查。他们会问哪位女士打算在下次讨论前给家人做一次动物内脏，并让大家举手。

在场的家庭主妇们竟然都举起了手。

这样的结果十分惊人。因为勒温组织的小组讨论，同意做菜时用动物内脏的女性多了三分之一以上。不仅如此，美国全国的动物内脏消费量增长了近三分之一。

勒温所在的委员会不仅改变了消费者的行为，而且在几乎不可能的情况下做到了这一点。他们把最令美国人抗拒的食物变成了美国家庭餐桌上的一道美味佳肴，而他们使用的正是我们本书所谈论的方法。

　　巴以冲突是我们这个时代最棘手的问题之一。数十年来，谈判失败，暴力升级，彼此的不信任与仇恨根深蒂固。自杀式炸弹袭击、火箭弹攻击，以及其他残酷的对抗和冲突，让那里的人们担惊受怕。行动受限，受定居者的侵犯，还有严厉的经济制裁，使很多人都过着贫穷的日子，仿佛他们没有任何权利或依靠一样。

　　双方的仇恨很深，他们都将对方视为敌人，视为必须采用任何必要手段击败的对手。人们认为，要想在世仇之间建立信任，这往往是不可能的，更不用说建立友谊了。

　　然而，1993年一个阳光明媚的清晨，美国华盛顿特区出现了希望的曙光。时任美国总统比尔·克林顿在白宫草坪上向杰出的与会人士致辞，见证了《奥斯陆协议》的公开签署。这对中东而言是极具历史意义的一天，这是以色列政府与巴解组织之间第一次面对面签署协议。

　　克林顿在讲话中特别提到了参会的一个组织。他说："在这次会议上，没有谁比他们更重要。"

这个组织不是由重要人物或各国领导人组成的，也没有曾任职总统的人或媒体的参与。这些青少年穿着绿色T恤和牛仔裤，与在场的众多杰出人物形成了鲜明的对比。

实际上，他们是一群参加夏令营的青少年。

* * * * * *

这个组织就是"和平的种子"，每年夏天会邀请埃及、以色列和巴勒斯坦的青少年在美国缅因州南部的一个湖滨度假区参加为期几周的夏令营。

除了住上下铺，在食堂吃饭，以及参加夏令营一般都会有的活动，"和平的种子"还组织青少年进行对话，讨论他们的分歧。

在参加"和平的种子"之前，大多数青少年都对自己的对立方没有什么好感。他们分别由各自的政府选出，最能代表自己的国家。有的青少年来自定居点，有的即使没有正统的宗教信仰，思想也很正统。很多人都是好战的信徒，拥有不可动摇的信念。

来自埃及的哈比巴说："我走进营地时带着很多仇恨。我想说明我的观点就离开，我不想听他们说话，也不想学任何东西。"①身为阿

---

① 来自以色列的青少年也有同感。

拉伯人，哈比巴认为告诉以色列人他们的政府很坏，他们正生活在别人的土地上，这才是爱国行为。

对于很多人来说，这次夏令营都很难度过。他们觉得自己是叛徒，参加这种夏令营相当于背叛了自己的国家。阿拉伯人害怕和以色列人睡在一个房间里，他们不知道闭上眼睛以后会发生什么。以色列人也无法忍受与巴勒斯坦人同在一张餐桌旁吃饭。

有些活动，比如美术课，允许青少年们选择与自己喜欢的人交流互动。但是像攀岩等活动，就无法避免和自己不喜欢的人接触了。一位参加夏令营的青少年解释说："如果我想往上爬，就必须握住他们的手。我们之间的敌意还没有消除，但已经有了触碰。这不是件容易的事，我不喜欢这种感觉。"

不过，这些不共戴天的仇敌在湖滨度假区一起度过了三周后，奇妙的事情发生了。

他们有了改变。

除攀岩和美术课以外，这些青少年还要参加小组挑战，比如分组把长绳围成某个特定的形状或是其他小组活动。

把长绳围成圆圈或五角星似乎很容易，但他们几个小时前刚刚讨论过土地所有权和政治代表权的问题，这样的任务对他们来说还是很难的。他们不想与对立方合作，其中很多人都是声音洪亮、信念坚定的青少年意见领袖，他们不屑于和对立方合作。

有一项挑战是走高空绳索。青少年们两两一组，其中一个人要爬到高高的地方，然后沿着离地十米的绳索走到另一边。为了让挑战更具挑战性，他会被蒙住双眼，只能依赖队友的提示。

如果不合作，他们将无法完成挑战。有时候，两名队员都会被蒙住双眼，他们必须通力合作，找到前行的路。他们需要握住对方的手，共同判断他们摸得到但看不到的东西。

哈比巴记得她的队友是一个强硬的以色列人。在对话交流环节，他直言不讳，坚定不移，哈比巴在他的身上找不到任何共同点。她不信任他，但现在自己被蒙住了双眼，在离地面十米的半空中，她不得不完全依靠他来保持平衡。

她面前有两个选择，要么依靠她不确定自己是否可以信任的人，要么掉下去。

但是，当队友指引她前行，帮助她走好每一步时，她觉得自己的内心有了变化。她发现自己开始理解对方，她之前从未想到自己会这样改变。她意识到："他和我一样都是人。站在半空中的时候，我不在乎他是不是以色列人，我们是不是有分歧。我在乎的是，我们都不要掉下去。"

这件事之后，哈比巴有了更广泛的认识："在过去的两周里，我有时不再根据国籍来评判夏令营里的人了，而是开始把他们视为普通人。"

哈比巴并不是唯一一个这样想的人。芝加哥大学的研究人员追踪了这些参加夏令营的人，他们衡量了以色列人和巴勒斯坦人之间的关系及他们对待彼此的态度。

研究人员发现夏令营的经历改变了他们的想法。夏令营结束时，他们对待彼此的态度得到了改善。他们对对立方的喜欢程度和信任程度都有所提升，并认为那些曾经的敌人其实与自己很相似。他们还对未来的和平更加乐观，并更加愿意致力于和平事业。

有人可能会想，这些变化是不是短暂的，也许当青少年们返回冲突不断的家园时，一切都会回到以前的样子。

结果并非如此。夏令营结束一年后，这些青少年持有的好感还是比参加夏令营之前强。

这些交流活动改变的不只是他们的态度，对于很多参加夏令营的青少年来说，这标志着改变的开始。后续研究发现，参加过"和平的种子"的青少年成年后，大多会积极地参与和平建设和社会变革工作，这一般都是他们初次参加夏令营十多年后了。

这些参加夏令营的人正是和平进程的未来。

*　*　*　*　*　*

面对大部分冲突，媒体经常大笔一挥，笼统地批判其中一方。由于存在太多的刻板印象和仇外心理，人们很容易认为对立方遥不可及，面目模糊。

夏令营改变了这一切。它帮助青少年们意识到自己与对立方实际上有很多共同点。他们都是十几岁的青少年，都有美好的梦想，都要上学。

哈比巴说："我看到同桌吃饭的以色列女孩很喜欢橙子，但不知道怎么剥，我就帮她剥了橙子。和别人住在一起时，我才会注意到这些事情，才知道她们用哪种洗发水，以及我们所拥有的共同特征。"

* * * * * *

"和平的种子"这个组织十分了不起。作为一个强大的催化剂，它改变了人们对巴以冲突和其他争议的固有看法。最重要的是，我们很想知道"和平的种子"所使用的方法是否可以被广泛地应用。

我们经常碰到一些组织认为自己面临的情况独一无二。毕竟，很少有哪位管理者能带着所有员工参加一个为期三周的夏令营，也很少有哪位销售人员能够说服潜在客户参加走高空绳索项目，以此达成销售。

尽管这个夏令营本身非同一般，但它起作用的根本原因与本书所讨论的很多方法都类似。

　　"和平的种子"并没有敦促巴勒斯坦人和以色列人交朋友，也没有为他们列出应该信任对方的诸多原因。它没有让参加夏令营的青少年听无休无止的讲座，或是劝说他们去做"正确的事"。相反，它找到了阻碍变化发生的主要障碍，并设法移除这些障碍。

　　"和平的种子"没有试图说服青少年，而是鼓励他们自己说服自己，以此化解心理抗拒。"和平的种子"有自己的清晰目标，但不会强迫参加夏令营的人实现这一目标，而是鼓励他们具有自主性，通过一系列的活动让青少年自己选择到达目的地的道路。

　　"和平的种子"没有立刻提出很高的要求，而是努力缩短距离。它并没有期望对立双方第一天就成为朋友，而是提出了较低的要求，让他们在同一屋檐下睡觉，在同一张餐桌旁吃饭，一起参加活动，开始进行对话。这些都有助于帮助他们转换场地，找到共同点。

　　在此过程中，"和平的种子"还削弱了不确定性。它不仅减少了"预付费用"，让彼此害怕的双方在安全中立的环境中交流互动，还促使他们有新的发现。它没有袖手旁观，只是期望双方互动起来，创造了能够让他们自然互动的环境。此外，夏令营只持续短短几周，也给了他们反悔的机会。即使碰到最坏的情况，参加夏令营的人也可以很快恢复原来的生活。

　　最后一点，参加夏令营的青少年通过接触多个群体的人，获得了补强证据。虽然哈比巴和一个以色列女孩成了朋友，但她很容易认为这个以色列女孩是与众不同的。哈比巴可能会认为这个女孩虽然是以色列人，但她和其他以色列人不一样，她具有独特性。不过，当哈比巴与多个以色列人接触后，就很难不改变对以色列人的整体态度。这意味着她将来遇到以色列人时，信任他们的可能性会更大。

找到根源

行为科学家库尔特·勒温曾指出："如果你想真正理解某个事物，就试着改变它。"反之亦然，要想真正改变某个事物，首先需要了解它。

作为潜在的变革推动者，我们关注的往往都是自己。我们聚焦于自己寻求的结果或希望看到的变化。我们被蒙蔽了双眼，以为只要提供更多的信息、事实或原因，人们就会让步。

但很多时候，改变并不会发生。我们过于关注自己和自己想要的结果，而忘记了催生改变这一过程中最重要的因素：了解对方。

我们不仅要了解对方是谁、他们的需求与我们的有何不同，正如本书中所讨论的那样，我们还要了解他们为什么还没有做出改变，哪些障碍阻止了他们，以及前方还将出现哪些障碍。

* * * * * *

我们越清楚是什么挡住了改变的道路，就越容易为其提供帮助，越容易明白事情并非表面看起来那样一方赢则另一方就必输。

我们以为，要改变别人的想法，总会有输的一方，要么一方做出改变，要么一方的情况会更糟。我们以为，事情总是非黑即白的，只能从两个选项中做出选择。

实际情况往往要复杂得多。

举个例子，有家餐厅的两位厨师正在争夺厨房剩下的最后一个橙子。当天，晚餐供应已经有些时候了，这两位厨师都在各自准备一道很重要的菜，都要用到橙子，他们便你一句我一句地争论谁有权使用最后这个橙子。

最后，时间已经不多了，他们马上就得上菜了，于是他们用菜刀将橙子一切两半，两个人各拿走一半。

如果这两位厨师知道对方用橙子干什么，那么他们本可以更好地解决这个问题。你知道他们为什么需要橙子吗？其实事实是一个厨师的调味汁里需要加点橙汁，而另一个厨师需要橙子皮烤蛋糕。

不管是做菜、给院子除草，还是让以色列人和巴勒斯坦人达成协议，只有找到问题的根源，才能取得更好的结果。

也就是说，先找到障碍，其他的问题就会迎刃而解。

想要学习找到障碍的有效方法，
请见附录C：力场分析法。

催化剂的力量

任何人的想法都可以改变。不管是让人们购买哪种产品（讴歌），给谁投票（深度游说），还是戒烟，也不管是让农民采用新技术进行种植（杂交玉米），让用户采用新服务（Dropbox），还是让孩子吃蔬菜，即使在最不可能的情况下，也可以催生改变。这样的例子很多，比如让吸毒者接受治疗，让银行抢劫犯举手投降，让保守派支持跨性别者权利，让以色列人和阿拉伯人互相信任，让吃肉的人成为素食者，让企业改变自己的文化。

不过，这并不是说不费吹灰之力就可以催生改变，也不是说所有人的想法都可以在一夜之间改变。我们可以看看那些重大变化，很少有顷刻间发生的。

比如，科罗拉多大峡谷是世界上最壮观的峡谷之一。大峡谷很长，需要驱车从美国华盛顿特区到达美国北卡罗来纳州的罗利；大峡谷很深，从上面走到谷底要花四个多小时；大峡谷很宽，可能会吞没一个州；大峡谷很大，形成了自己的气候模式。

这个如此宽阔的峡谷是如何形成的呢？有人可能认为是因为一场大地震或因为什么惊天动地的事件。

但其实并没有什么突然或重大的事情发生。数百万年来，一直有水流缓慢地磨损着岩石，涓涓细流逐渐变成了水流不断的小河，最终形成了科罗拉多河。

再比如，某个人改换了政党，他并非灵光乍现，也并非突然之间就看清了一切。

相比之下，重大改变更像大峡谷的形成，经历了一个缓慢而稳定的转变过程，分为很多阶段。

改变越大，越是如此，需要几周、几个月，甚至几年的时间。但是，催化剂通过了解人们为什么改变或为什么不改变，提高了改变发生的可能性。

再者，消除改变的障碍，能对改变起到催化剂的作用。

纳菲兹·阿明并没有试图说服学生们花更多的时间去学习，而是化解他们的心理抗拒，让他们自己说服自己安排更多的学习时间。戴夫·弗莱舍并没有给人们施加压力，要求他们支持跨性别者权利，而是缩短距离，鼓励他们自己得出这个结论。格雷格·韦基并没有告诉暴徒"举起手来，否则我们就开枪了"，而是从理解开始，了解他们的需求，从而让他们觉得举起双手走出去是他们自己的决定。

无论改变人们的想法和行为，还是引发行动，催化剂都会用上本书所讲的五个原则，去减少（REDUCE）或消除障碍。常见的应减少或消除的障碍见下表。

REDUCE模型

障　碍	解决方式
心理抗拒 （REACTANCE）	人们受到外部压力时，往往会反其道而行之。催化剂不会告诉人们该做什么，或劝服他们，而会鼓励自主性，让人们自己说服自己。
禀赋效应 （ENDOWMENT）	人们已经习惯了现状，为了减轻禀赋效应，催化剂会指出不采取行动的成本，帮助人们认识到什么都不做并不像表面看起来那样没有任何代价。
距离 （DISTANCE）	如果你想要达成的目标离当事人太远，他们往往会视而不见。距离太远的想法会落在他们的拒绝区，不会得到重视。催化剂会从小目标开始，帮助人们转换场地，从而缩短距离。
不确定性 （UNCERTAINTY）	怀疑的种子会减缓变革。为了不让人们按下暂停按钮，催化剂会削弱不确定性。越容易试用，越可能形成购买。
补强证据 （CORROBORATING EVIDENCE）	有些事情需要更多的证据。催化剂会寻找补强证据，利用多个信息来源帮助人们克服理解上的问题。

无论你想说服客户，改变组织，还是彻底改变整个行业的运作方式，都要想一想有哪些阻碍改变的障碍及如何减少或消除这些障碍。

下面这份清单将有助于减少或消除常见的障碍，激发人们改变。

激发人们改变的"催化模型"

方　式	方　法
化解心理 抗拒	• 鼓励自主性。像"真相计划"那样鼓励人们规划自己的路线，到达你想让他们到达的目的地。 • 提供一份菜单。像问孩子想先吃西蓝花还是先吃鸡肉那样，为人们提供这种有引导性的选项。 • 如果人们的态度和行为之间存在差距，要点明这一差距。 • 不要直接施加影响，而要从理解开始，找到问题的根源。像格雷格·韦基一样，先建立信任，再引发改变。
减轻禀赋 效应	• 分析人们的现状是什么样的，它为何如此具有吸引力。 • 让人们意识到安于现状有什么隐性成本。 • 像埃尔南·科尔特斯或IT部门的萨姆·迈克尔斯那样，破釜沉舟，让人们认识到已经没有办法再回头了。 • 像多米尼克·卡明斯那样，把一件事塑造成重新收复之前的损失。
缩短距离	• 避开拒绝区，从而避开确认偏见。 • 从小目标开始，就像那位帮助卡车司机戒掉碳酸饮料的戴安娜·普里斯特博士一样，把改变分为几块，从小目标开始，一点点加码。 • 分析哪些人属于可以拉近的中间派，利用他们帮助你说服其他人。 • 像深度游说一样，找到一个已经达成共识的点，以此帮助人们转换场地，将人们拉近。
削弱不确 定性	• 削弱不确定性，不让人们按下暂停按钮，降低试用的障碍。 • 像Dropbox一样使用免费增值模型。 • 像Zappos一样减少预付费用，通过试驾、租用、体验或其他方法，让人们更容易亲自尝试。 • 不要等客户找上门，你要提高产品的可视性。就像讴歌一样，鼓励那些不知道这个品牌但可能感兴趣的人尝试一下。 • 提供后悔的机会以减少后续摩擦。就像费城街尾动物救援组织提供为期两周的试养计划一样，或像零售商提供宽松的退货政策一样，为人们提供后悔的机会。

续表

方　式	方　法
寻找补强证据	• 分析自己面对的是砾石还是巨石，分析让人们做出改变有多大代价，风险有多高，多耗时，有多少争议。 • 提供更多的证据。像干预顾问一样，使吸毒者从不同信息来源听到同样的内容。 • 找到相似但多样的信息来源，提供更多的证据。 • 适时集中资源，确保人们在短期内从多个来源那里听到同样的信息。 • 要想引发大范围的改变，分析应使用花洒策略还是消防水带策略，应该集中还是分散稀缺资源。

还有一点最为重要，那就是任何人都可以成为催化剂，而用不着巧舌如簧，也不必非得做出好看的PPT。

你不必手握充足的广告预算，也不必在大公司工作；你不必拥有二十年的专业经验，无须知道如何用手势说话，也不必成为会议室中最有魅力的人。

亚采克·诺瓦克希望争取到高管的支持。他在银行工作，这个行业不愿做出改变是出了名的。亚采克想在提供客户体验方面有所改变，从某种意义上说，这种改变正好与高管所习惯的方式相反。但是，通过降低试用的门槛，提高可视性，他让银行管理层体会到了他的建议的价值，高管们最终采纳了他的建议。

查克·沃尔夫的对手是世界上最大的一个行业，这个行业的预算是他的上千倍。数十年来，很多机构都试图让青少年戒烟，但并没有取得太大的成功。但是，查克通过说出真相，而不是告诉青少年该怎么做，最终得以扭转局面。查克让青少年成为积极的参与者，而非消极的旁观者，从而使他们感到自己是掌控一切的人。查克化解了青少年的心理抗拒，让他们自己说服了自己。

尼克·斯温默要想办法帮助Shoesite.com（后改名为Zappos）这家规模较小的创业公司起步。公司的钱快花光了，他们需要改变消费者的行为，而且要快。他们没有去说服人们，也没有把精力浪费在他们没钱投放的广告上，而是消除了人们的障碍。他们利用免费配送和退货服务让潜在客户亲身体验产品。通过降低试用门槛，公司降低了风险和不确定性，并打造了价值10亿美元的"独角兽"。这家公司开启了我们今天都很熟悉的网购时代。

面临困境的普通人也可以成为催化剂。找到根源，消除障碍，任何人都能改变别人的想法。

每个人都有想改变的东西。政客希望改变选民的投票行为，营销人员希望建立自己的客户群。员工想改变老板的想法，管理者想改变整个企业。丈夫想改变妻子的想法，父母想改变孩子的行为。创业公司希望改变整个行业，非营利性组织希望改变整个世界。

在本书中，我们研究了有关改变的尖端科学，研究了如何、何时及为什么人们会改变想法和行为，并采用新的视角看待这些看似无法解决的问题。

努力成为催化剂，你将可以改变任何人、任何组织、任何行业，甚至改变整个世界。

附录 A：积极倾听
Appendix A: Active Listening

从理解开始，有助于找到根源，并了解为什么对方还没有改变。积极倾听在这一过程中会起到促进的作用。倾听固然重要，但提出正确的问题，让人们感受到你在聆听往往也同样重要。我们要让对方知道我们在专心听他说话。下面介绍几种关键的方法：

微微加以鼓励

如果想让别人知道你在认真倾听，有一种方法是通过肢体语言和口头反应来加以证明。具体包括点头、身体前倾、看着对方的眼睛，还可以用"是的""嗯""哦，我明白了"等话语进行附和。尽管这些表示同意的话语看似无关紧要，它们实际上却是将对话连在一起的黏合剂。如果说话的人没有从听众那里得到任何回应或反馈，他们不仅不愿意讲下去，而且在整体上也会讲得更糟。

提出开放式的问题

提问有助于讨论的进行，同时有助于建立信任。纵观各种情况，从初次见面到闪电约会，喜欢问问题的人往往更讨人喜欢。此外，提问还有助于收集有用的信息，以便更好地了解对方。

但是，并非所有的问题都是好问题。比如，以"为什么"开头的问题会让人们筑起防御之墙，感觉自己受到了质问（比如"为什么不把垃圾扔掉？"）。一般疑问句的句子效果也不好，因为这种问题无法让对话延续下去（比如"你有枪吗？"）。

开放式问题不仅可以告诉对方你在倾听，而且可以引出细节及对以后可能有用的信息（比如"你能给我多讲一讲吗？""啊，这是怎么回事？"）。

巧妙利用停顿

停顿可以发挥沉默的力量。沉默可能会让人不适，因此人们通常都会找些话说。

人质谈判专家会利用停顿让犯罪嫌疑人开口说话，从而了解更多的信息，这种方法在他们认为提问可能会偏离话题时尤为有用。他们不再提问，而是保持安静，让犯罪嫌疑人打破僵局。

此外，停顿还有助于集中注意力。在说出重要的信息之前或之后停顿一下，会激发听众的好奇心，将他们的注意力吸引到讲话上。在讲话中有策略地进行停顿有助于突出重点，吸引注意力。

重复听到的内容

重复对方最后说的那句话有助于表明你正在倾听，正在参与。特别是如果对方情绪激动，重复他们的话有助于鼓励他们继续说下去，给他们发泄的机会。举个例子，如果有人说："我真的很生气，我们的供应商总是晚那么一两天。"我们可以接着说："他们总是晚一两天？"重复听到的内容可以让对话延续下去，并在双方之间建立好感。

需要注意的是，你不要一字不差地重复听到的内容，而要用自己的话重述对方的意思。这不仅表明你正在倾听，而且表明你真正理解了对方的意思。

点明对方的情绪

改变别人的想法不仅与信息有关，还往往与情绪关系更大。事实和数据可以起到一定的作用，但是如果不了解底层的情感问题，就很难让人们做出改变。点明对方的情绪有助于找出行为的根源。比如，我们可以说"你听起来很生气"或"你看起来很沮丧"，这些表达能够说明你正在倾听，并试图理解对方。即使你指出的情绪不对，对方的回应也会为你提供更多找到问题根源的背景信息。

附录 B：使用免费增值模型
Appendix B: Applying Freemium

免费增值这种商业模式可以发挥很大的作用，它既可以吸引新用户，也可以将他们转变为付费用户。但是，这个模型成功与否取决于提供多少免费的额度。

假设Dropbox仅提供少量的免费存储空间，随后告诉用户必须付费才能获得更多的空间。那么，大多数人可能会觉得Dropbox很讨厌，因为他们还没怎么开始使用这项服务，就被告知后面要付费。由于使用的时间还不长，他们可能不会觉得这项服务值得付费使用，因此他们可能会选择其他服务提供商。

不过，免费的额度太高也很危险。《纽约时报》过去每月为用户提供的免费文章浏览数量为20篇。由于免费的文章数量太多，很少有人一个月读这么多文章，便没有足够的用户转换为付费用户。

所以，关键是要提供适量的免费额度，既能给用户带来积极的体验，又能让他们觉得值得升级付费。

《纽约时报》在分析了用户的浏览量后，最终将免费浏览文章的数量降到了十篇。虽说十篇也不少，但足以鼓励大量用户升级为付费用户。

这个问题可以归结为两点：1）有多少新用户注册；2）转化率是多少，也就是有多少用户进行了升级付费。如果用户增长停滞不前，说明产品的吸引力不足，那么免费版本中就需要加入更多或更好的功能。如果大量用户涌入但升级付费的人很少，情况可能正好相反，要么是因为免费版本过于慷慨，要么是因为免费版本与付费版本的区别不够明显，所以用户认为不值得升级。

除确定免费额度以外，还有一个重要的问题，那就是选择哪个维度进行限制。

《纽约时报》和Dropbox限制的是数量，即每月提供一定数量的免费浏览文章或提供一定数量的免费存储空间。健身房和课程限制的是时间，比如提供30天的免费试用或第一堂课免费。流媒体音乐平台潘多拉（Pandora）和《糖果大爆险》等游戏限制的是功能，比如可以显示哪些内容、有没有广告、用户可以到达哪个级别，而免费可用的只是部分功能而已，并非全部功能。

在确定限制哪个方面时，我们还要回到不确定性的问题上。比如，我们需要考虑什么样的体验可以提供缺少的不确定性，让升级看起来颇为值得。

如果用户无法立即发现一款产品在某些方面的价值，那么我们可以限制功能。同理，如果用户能够通过立即使用所有功能而获得最佳体验，那么限制时间或数量可能是更好的选择。

附录 C：力场分析法
Appendix C: Force Field Analysis

虽然障碍的形式多种多样，但是消除障碍的最大挑战却在于确定障碍是什么。

以一个新的旅行应用程序为例，它宣称可以为用户省时省钱。一般来说，宣传的重点应该是这款应用程序有多好，比如它可以将用户做计划的时间减少一半，可以节省25%的酒店和机票费用。

但是，有很多障碍可能会阻止人们使用这款应用程序。有些人可能没有意识到他们当前使用的应用程序有什么问题，有些人可能不理解这款应用程序是如何解决问题的（比如如何做到省钱），或者不相信它的承诺，还有更多的人可能会担心这款应用程序的选择范围有限或操作费力。

就像医生开药一样，如果他不了解病人的问题是什么，就很难给出正确的解决方案。如果人们不了解这款应用程序是如何省钱的，那么一步步演示给他们看可能会有所帮助。但是，如果障碍是人们认为选择范围有限或操作费力，那么就需要采用其他方法了。这样一来，宣称该款应用程序可以省钱解决不了这些问题，这就像用指夹板治牙疼一样。

给所有潜在客户发送同一封推广邮件，是不是更容易？当然。要改变组织中的不同部门，使用同样的话术是不是更简单？这毫无疑问。

尽管这些一刀切的方法似乎可以节省时间和精力，但效果却差强人意。

我们需要找到根源，确定阻碍行动的核心问题或障碍。

专家经常使用一种方法，那就是力场分析法。作为一个框架，力场分析法可以用来分析在给定情况下起作用的各种因素或力量，从而促进改变的发生。

任何力场分析法的第一步都是明确想要催生的改变，确定目标、期望的状态或希望发生的事情，比如与客户签订长期合同，让管理层资助新计划，让妻子不再抱怨婆家人。

接下来，要确定推动改变的驱动力。有些驱动力来自内部，也就是存在于个人或组织内部，比如到目前为止客户很满意我们的服务，或者某个项目符合管理层的大局观。还有些驱动力来自外部，也就是存在于个人或组织之外，比如客户倾向于签订长期合同等。

最后，也是最重要的一点，那就是确定制约力，也就是明确有哪些阻止改变发生的障碍。与驱动力一样，制约力也可能来自内部或外部。比如我们希望与客户签订长期合同，而客户可能不确定自己近一两年的业务状况如何。再比如，我们希望管理层资助新计划，而管理层可能会担心人员配备问题。①具体分析如图C-1所示。

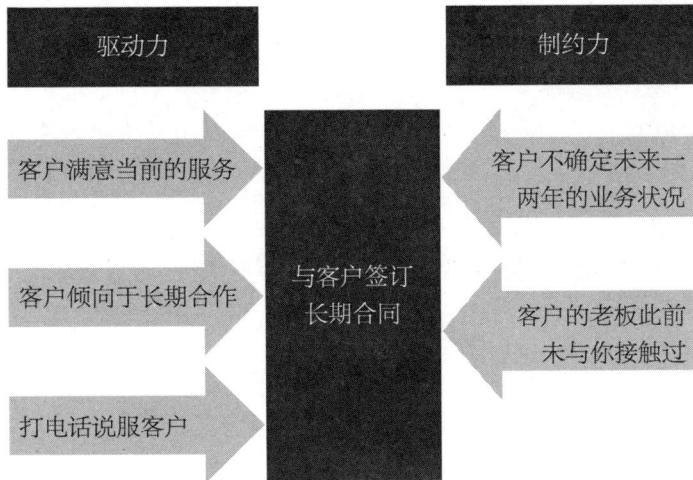

图C-1　驱动力与制约力分析示例

想要确定障碍是什么，一种方法是思考过去和现在，而非未来。正如我们所讨论过的，我们不要问什么会推动改变的发生，而要问为什么事情还没有改变，或者为什么还没有发生所需的改变，是什么阻碍了改变的发生。

---

① 还有一个可考虑的方面是分配权重。对于确定的每种驱动力或制约力，思考一下它们的影响力，影响力较大的给予较高的分值，影响力较小的给予较低的分值。

提出问题（比如谁反对改变），并确定其中的成本和风险，这种方法也很有用。比如：客户在担心什么？管理层可能出于什么担忧或动机而拒绝支持这项新计划？

* * * * * *

假设你的儿子现在十几岁，你想让他饮食更健康一些。根据力场分析法，你不应该不停地唠叨他，而应该关注更有效的解决方案。

你想要的改变很清楚——让儿子饮食更健康。除了提醒他应该多吃蔬菜（外部驱动力），可能还有其他的驱动力，比如他正在减肥（内部驱动力），或者他想跑得更快，以便能够加入足球队（内部驱动力）。

既然有这么多驱动力，他为什么还没有开始健康饮食呢？也许他认为健康的食物都不好吃（内部制约力），或者他放学后要赶紧去参加课外活动，而垃圾食品最方便不过了（外部制约力），又或者他正试图表明自己很独立，无论你让他干什么，他都会反着来。

既然有这些制约力阻碍改变，唠叨他不起作用也就不足为奇了，提醒他少吃薯条只会适得其反，加大推动的力度并不会减少或消除这些障碍。

这样清楚地分析一下，你就能知道不要加大推动的力度，而要想办法减少或消除障碍。比如，你可以做一些美味的花椰菜芝士通心粉，以降低儿子在口味上的障碍。你也可以把成袋的水果胡萝卜放在冰箱里，他可以随便拿出一袋带走，这样就解决了时间紧迫的问题。

总之，分析制约力有助于找到问题的根源，认清障碍有助于催生改变。

致谢
Acknowledgments

我在此感谢格雷格·韦基、戴夫·弗莱舍、查克·沃尔夫、麦克斯·多罗迪安、菲尔·拉杜卡、斯特凡·伯福德、弗莱德·莫斯勒、安迪·阿诺德、内德·拉扎勒斯、戴维·布鲁克曼、纳菲兹·阿明、亚采克·诺瓦克、金伯利·库尔蒙、塞巴斯蒂安·巴克、迈克尔·魏瑟尔、迈克尔·霍恩、普利扬卡·福德、爱德华·谢尔博、布伦丹·博斯、希拉里·劳、卡罗莱娜·埃尔南德斯、迭戈·马丁内斯、迈克尔·哈梅尔伯格、西尔维娅·布兰斯科姆、凯瑟琳·德沃尔、桑德拉·哈莫尔斯基、马特·夏皮罗、菲尔·基姆、德布·利维、李嘉伟（音译）、哈比巴，以及所有抽出时间与我分享故事的人。我还要感谢理查德·罗雷尔，谢谢你给我发邮件，让我萌发了撰写本书的想法。感谢乔恩·考克斯对稿件的管理，感谢艾丽丝·拉普朗特对时间的把控，感谢乔恩·卡普的宝贵反馈。我还要感谢妮科尔·伯尔肯斯、克丽斯滕·林德奎斯特、库尔特·格雷、吉利恩·登普西、亚历克斯·米勒、麦克和杰丝·克里斯蒂安夫妇、亚历山大·伯杰、路易丝·斯坦格、帕特里克·杰夫斯、贾斯廷·埃特金、凯里·莫尔韦奇、朱丽安娜·施罗德、内德·拉扎勒斯，还有盖布·亚当斯，谢谢你们为我解答了很多专业问题。我知道我的问题总是出人意料，但你们都耐心细致地给予了回答。我还要感谢乔治·费里奇、申明金（音译，英文名"萨利"）、西奥·达米亚尼、威廉·默里、凯瑟琳·王，以及帮助我收集信息的其他研究助理。感谢喜欢读书的卡罗琳和莉莉，感谢布里塔妮·赫尔细心照顾贾斯廷，感谢特拉维斯和北卡罗来纳大学篮球队的比赛，让我写累的时候得以放松一下。感谢尼普赛·赫斯勒多年来的支持，愿你在天堂安好。感谢博比·弗朗西斯的远见，你一直指引我前行的道路。感谢梅根·科斯特洛、沙马巴维·克里希纳穆尔蒂、杰米·约瑟夫、林赛·皮斯托、扎卡里·博文、贾森·彼得森、吉尔·倪、亚历克斯·卡普雷塔、乔希·马奇、阿斯顿·汉密尔顿、阿曼达·莫里森、玛格丽特·萨瑟、法隆·多明格斯、安东尼·贝沙伊和茱莉亚·穆恩，谢谢你们在繁忙的工作中抽出时间阅读本书的初稿，提供宝贵的建议。因为你们，本书中的方法才得以广泛应用，谢谢你们的巨大帮助。感谢吉姆·莱文，没有你，我不可能写成本书，感谢你一直以来的指导，我希望有一天可以像你一样豁达。我还要感谢我的父母，谢谢你们提供的宝贵资源，谢谢你们的关心和精神上的支持。

《疯传：让你的产品、思想、行为像病毒一样入侵》

CONTAGIOUS: WHY THINGS CATCH ON

丹尼尔·吉尔伯特 哈佛大学心理学教授，《撞上快乐》的作者

"伯杰比任何人都更懂得如何让信息疯传。"

查尔斯·都希格 2013年普利策奖获得者，畅销书《习惯的力量》的作者

"为什么某些思想几乎能够一夜流行，而另一些却石沉大海？为什么有些产品会无处不在，而另一些则无人问津？乔纳·伯杰知道这些问题的答案，并在这本书中揭示了疯传的秘密。"

奇普·希思 《让创意更有黏性》的作者

"假如你想用更小的预算获得更大的影响力，请不要错过这本书，它将告诉你如何让事物疯狂地传播。"

李光斗 中央电视台品牌顾问、著名品牌战略专家、品牌竞争力学派创始人

"揭开流行背后的秘密，引爆潮流的营销艺术，让你的品牌像病毒一样疯传。"

樊登 樊登读书创始人

"如果你希望自己的信息被更多的人快速知道的话……有一本书叫《疯传》，发疯一样的传播，樊登读书会的所有传播手段都是我从这本书里学到的。"

袁岳 零点研究咨询集团董事长

"有些流行的背后有故事，许多流行的背后有规律。这本书告诉了读者故事与规律的背后还有些什么。"

张永伟 国务院发展研究中心研究员

"在社交网络发达时期，传播的投入与产出如何更合理？本书提示：口头传播已经变得比传统广告更具优势，因为它不会夸大其词，更能精准地锁定人群。"

罗文杲 《销售与市场》副总编

"正确地开发新产品变得越来越困难。正如本书作者所言，我们也许很容易发现流行趋势，但却很难主导、利用并掀起波澜，因为产品和思想的流行都是渐进而来的。"

俞雷 喜临门股份有限公司副总裁

"我们不用喋喋不休地强调产品的好处，而要想办法让消费者投入真实的情感，把'自己喜欢'变成'对人传播'，把临时讨论变成持续推荐。"

郭广宇（鼠小疯） 三只松鼠首席品牌官

"一个成功品牌的诞生，都要经历两个阶段，首要是提供服务，更高层次是输出文化。一个是品类定位上的成功，是迈向品牌的奠基石，就如三只松鼠没有坚定做坚果品类难有今天；跨过第一个阶段才有可能进入第二个阶段，这是真正的品牌阶段，赋予品牌以灵魂与内在，让它有生命，和用户情感产生更多的连接。我想《疯传》这本书就恰恰讲述了如何传播品牌的文化！"

《金融时报》

"对于严肃的市场营销专业人士而言，本书不太可能提供任何惊人的新观点。但如果你是一位非专业人士，并试图了解在一个只有三分钟热情的社交媒体上瘾者比比皆是的世界中，怎样才是制造影响的最佳方式，那么本书能够给你提供充足的思考素材。"

《科克斯书评》

"伯杰揭示了流行产生的秘密，告诉我们为什么某些产品、思想和行为会获得巨大的社会影响力。这本书是继《引爆点》和《魔鬼经济学》之后的又一佳作，书中富含既有娱乐性又有解释力的案例，并突破性地将关注点从在线传播技术转移到人际传播因素之中。"

《出版商周刊》

"这是一本具有感染力的关于病毒营销的著作。作者以幽默、风趣的语言描绘了认知心理学和社会行为学之间的交互影响过程，着眼于帮助商人和其他群体传播他们的信息，其研究结果也可作为研究流行文化传播的基础读物。"

《今日美国》

"这是一本揭秘为何人们更愿意传播某些事物的书。"

《传染：塑造消费、心智、决策的隐秘力量》

INVISIBLE INFLUENCE: THE HIDDEN FORCES THAT SHAPE BEHAVIOR

罗伯特·B.西奥迪尼 全球说服术与影响力研究权威，《影响力》的作者

"凭借敏锐的洞察力，乔纳·伯杰解开了各种外界影响的隐形外衣，揭开了人类行为的奥秘。"

查尔斯·都希格 2013年普利策奖获得者，《习惯的力量》的作者

"乔纳·伯杰又一次写出了一本令人爱不释手的书。书中洋溢着足以改变人们世界观的理念和工具。"

威廉·尤里 国际谈判协作组织顾问，《内向谈判力》的作者

"想要知道影响自身行为的因素何在，请拜读乔纳·伯杰的最新力作。书中充满了发人深省的研究、令人难忘的故事和极富洞察力的见解，定会让你大开眼界。这是非常棒的一本书！"

阿里安娜·赫芬顿 《赫芬顿邮报》创始人

"和《疯传》一样，乔纳·伯杰带我们透过事物表象看本质，得出令人着迷的结论。《传染》一书定能改变我们看待自己和周围世界的方式。"

艾米·卡蒂 《存在》的作者

"从第一页起，本书就会改变你看待自己和他人的方式。这本书令人大开眼界、爱不释手。"

谢家华　美捷步公司首席执行官

"想要带动他人、做出聪明的决定，想要了解人类行为的奥秘，本书将教你如何做到这些。非常棒的一本书，极富洞察力。"

瑞安·霍利迪　美国网络营销鬼才，《一个媒体推手的自白》《增长黑客营销》的作者

"乔纳·伯杰是当今出版界最富创新精神的市场营销学和心理学研究专家之一。他的观点独辟蹊径、发人深省，文风朴素而务实。我会拜读他所有的作品，并积极加以运用。"

安妮·费希尔　《财富》杂志网站

"《传染》既让人增长见识，又不乏海滩读物的轻松活泼，这在商业书籍中非常罕见。"

《出版商周刊》

"乔纳·伯杰为我们打造了一本令人爱不释手的有关社会影响力的指南。伯杰的笔风一如既往地活泼，以一种令人称奇的方式将科学知识运用到现实生活中，将科研成果寓于故事之中。他的书总会揭开复杂事物的神秘面纱，让读者看到内在本质，令人豁然开朗。"

《科克斯书评》

"继《疯传》一书之后，乔纳·伯杰继续探究为何我们要做自己在做的事情，以及我们种种行为背后的原因：政治因素、社会影响、经济考虑、心理情感……在将社会心理学的科学理念融入浅显易懂的生活实际方面，他做得非常出色。"

《Inc.》杂志网站（Inc.com）

"透过自己的业务视角来阅读一两本乔纳·伯杰的书，或许你能更有效地影响你的客户。"

《华盛顿邮报》

"这是一段人类集体心理的探索之旅，曲径通幽、令人着迷……"